化学工业出版社"十四五"普通高等教育规划教材

有机化学实验

第二版

YOUJI
HUAXUE
SHIYAN

李长恭 王松林 薛 峰 主编

化学工业出版社

·北京·

内容简介

　　《有机化学实验》（第二版）以基本操作和基本技能训练为主线，通过基础知识与基本操作、结构表征、性质与鉴定、合成四个层次的实验培养学生的动手能力。全书共五十七个实验，内容涉及有机化合物物理常数的测定、有机物的分离与提纯（液态、固态及色谱分离）、有机物的基本性质与鉴定、有机合成、天然产物的提取与分离等。综合性和设计性实验的选取以尽量结合现实生活和科研需求为原则，以增强学生对有机化学的认识和理解。

　　《有机化学实验》（第二版）可作为高等院校化学化工类、农林类、医药类专业本科生的教材。

图书在版编目（CIP）数据

有机化学实验 / 李长恭，王松林，薛峰主编 .
2 版 . -- 北京 ：化学工业出版社，2025. 2. --（化学工业出版社"十四五"普通高等教育规划教材）. -- ISBN
978-7-122-46960-1

Ⅰ. O62-33

中国国家版本馆 CIP 数据核字第 2024Y5H427 号

责任编辑：宋林青　　　　　　　文字编辑：刘志茹
责任校对：杜杏然　　　　　　　装帧设计：史利平

出版发行：化学工业出版社
　　　　　（北京市东城区青年湖南街 13 号　邮政编码 100011）
印　　装：大厂回族自治县聚鑫印刷有限责任公司
787mm×1092mm　1/16　印张 10¾　字数 268 千字
2025 年 3 月北京第 2 版第 1 次印刷

购书咨询：010-64518888　　　售后服务：010-64518899
网　　址：http://www.cip.com.cn
凡购买本书，如有缺损质量问题，本社销售中心负责调换。

定　　价：29.80 元　　　　　　　版权所有　违者必究

《有机化学实验》（第二版）
编写组

主　　编：李长恭　　王松林　　薛　峰
副 主 编：王九霞　　崔茂金　　祝　勇
编写人员（以姓氏汉语拼音为序）：

崔茂金　　冯喜兰　　谷永庆　　姜小莹　　李长恭
李永芳　　梁　磊　　刘彬彬　　刘　萍　　孟志芬
王功书　　王九霞　　王楠楠　　王松林　　薛　峰
张毅军　　祝　勇

第二版编写说明

第二版延续第一版的编写原则，注重基本操作和基本技能的训练；模块化培养与综合训练相结合；结合理论教学内容，选取实验具有代表性；结合生活实际，选取学生身边的有机物。

在内容编排上，结合实验教学过程和学生实际需要，在第二章有机化学实验基本操作部分增加了实验十三，液-液萃取，并将原第二章的第二节和第三节合并为有机化合物的分离与提纯。结合科研工作需要，在第五章有机化合物的合成部分，增加了实验四十五，有机碳酸酯的制备。结合有机合成教学工作需要，删去了第五章呋喃甲醛的歧化反应实验和第八章甲基橙的合成实验，增加第五章实验三十九苯甲醇和苯甲酸的制备和第八章实验五十七香豆素-3-羧酸的制备。

本书由李长恭、王松林、薛峰、王九霞、崔茂金、祝勇等编写。编写内容分工如下：李长恭编写第一章；王松林编写第二章实验一至实验十二和第五章实验四十五；王九霞编写第二章实验十三、第五章实验三十一至三十八、四十至四十四、第七章；薛峰编写第二章实验十四至实验十八、第三章、第五章实验三十九、第六章实验五十一、第八章；崔茂金编写第四章实验二十五至三十、附录、参考文献；孟志芬编写第六章实验四十六、四十七；姜小莹编写第六章实验四十八、四十九；刘萍编写第六章实验五十；谷永庆编写第四章实验二十三；张毅军编写第四章实验二十四。王松林审核、校对第一、第二章；梁磊审核、校对第三、第五章；李永芳审核、校对第四章；祝勇审核、校对第六章；刘彬彬审核、校对第七章；王功书审核、校对第八章；王楠楠审核、校对附录、主要参考资料。全书由李长恭、冯喜兰统稿定稿。

本书编写过程中，得到了学院领导和同事的大力支持，在此表示衷心感谢！我们参考了一些兄弟院校的教材，并吸收了部分内容，化学工业出版社也给予了大力支持和帮助，在此一并表示感谢！

限于编者水平，书中不妥之处，请与我们联系（lichanggong@hist.edu.cn），以便改进我们的工作。

编者
2024 年 5 月

第一版编写说明

为适应当前实验教学改革，提高实验教学质量，化学实验基础系列教材指导编写委员会拟出版《无机及分析化学实验》《有机化学实验》《无机化学实验》和《分析化学实验》等系列教材。
教材特色：

1. 注重基本操作和基本技能的训练

化学实验的基础知识、基本操作与基本技能是实验成功与否的关键，是实验安全的重要保证，也是胜任化学及相关工作所必需的基础训练之一。离开基本操作与技能的培养，化学实验的任何创新培养都无从谈起。因此，本教材通过基础知识与基本操作、结构表征、性质与鉴定、有机合成四个层次的实验，循序渐进地安排教材结构，使学生对有机化学的认识逐渐加深，实验技能得到逐步提高。

2. 模块化培养与综合训练相结合

在基础知识与基本操作、结构表征、性质与鉴定、有机合成模块化培养的基础上，在天然产物的提取与分离尤其是综合性实验和设计性实验中，不断强化基本操作、了解结构表征和熟悉有机物性质等训练。

3. 结合理论教学内容，选取实验具有代表性

依据烷烃、烯烃、卤代烃、醇、醚、醛或酮、羧酸及其衍生物、胺等教学内容，分别选取相应的有机物的合成实验，加深学生对理论知识的学习和该类化合物认识，将感性认识上升到理性认识。

4. 结合实际生活，选取学生身边的有机物

在综合、设计性实验和天然产物的提取实验中，注重选取生活中经常接触到的有机化合物，如染料甲基橙、昆虫信息素 2-庚酮、光学活性医药和染料中间体 α-苯乙胺、解热镇痛药乙酰水杨酸（阿司匹林）的合成，咖啡因、烟碱、胡椒碱的提取等。

本书由李长恭、冯喜兰、李永芳、祝勇、孟志芬等编写。编写内容分工如下：李长恭编写第一章和第二章实验一至实验十三；王九霞编写第五章和第七章；薛峰编写第二章实验十四至实验十七、第三章、第八章、第六章实验五十；崔茂金编写第四章实验二十四至实验二十九、附录、参考文献；孟志芬编写第六章实验四十五和实验四十六；姜小莹编写第六章实验四十七和实验四十八；刘萍编写第六章实验四十九；谷永庆编写第四章实验二十二；张毅军编写第四章实验二十三。李永芳审核、校对第四章、第六章；祝勇审核、校对第一章、第二章；李长恭审核、校对第三章、第五章、第七章和第八章。全书由李长恭、冯喜兰统稿定稿。

本书编写过程中，得到了化学实验基础系列教材编写指导委员会的大力支持，在此表示衷心感谢！编写中，参考并借鉴了一些兄弟院校的教材，化学工业出版社也给予了大力支持和帮助，在此表示感谢！

限于编者水平有限，书中不妥之处，请与我们联系（lichanggong@sohu.com），以便改进我们的工作。

编者

2014 年 10 月

目　录

第一章　有机化学实验基础知识与基本要求

第一节　有机化学实验室规则

有机化学是一门实践性很强的学科。有机化学实验和有机化学相辅相成，对掌握有机化学的理论知识具有重要的意义。为保证有机化学实验的顺利进行，培养严谨、认真的科学态度，实验操作者必须遵守下列规则。

（1）在进行有机化学实验前必须认真预习有关的实验内容，做好预习笔记。通过预习，明确实验目的和要求，了解实验基本原理、操作步骤及实验成功与否的关键环节，熟悉实验所需的试剂（物理常数、可燃性及毒性）、仪器和装置，要特别关注实验中的注意事项。

（2）进入实验室时应穿实验服，不准穿拖鞋、背心、短裤等裸露皮肤的服装。不要将食物、饮料等带入实验室。

（3）进入实验室后，要了解实验室的环境，如防火工具、安全喷淋龙头、电气开关、煤气阀等。熟悉实验室的安全通道，做到未雨绸缪，防患于未然。一个实验室至少有两个人时方可进行实验，不准一人单独做实验。

（4）必须遵守实验室的纪律和各项规章制度。实验中不准大声喧哗和到处走动，不乱拿乱放实验用品，不将实验用品带出实验室。损坏实验用品要如实登记，出现问题要及时报告。

（5）实验操作要严格按照操作规程进行。要仔细观察实验现象，认真思考，及时准确、实事求是地做好实验记录。

（6）听从教师和实验工作人员的指导，若有疑难问题或发生意外事故必须立刻向教师报告，以便问题或事故得到及时解决和处理。

（7）实验中应始终保持实验室的卫生。做到桌面、地面、水槽和仪器干净整洁。

（8）严格控制药品的规格和用量，节约用水、用电。

（9）实验完毕，及时做好整理工作。清洗仪器并放到指定位置，检查水、电等是否安全，按要求处理废物，做好实验记录并交给教师。待教师签字后方可离开实验室。

（10）实验完毕，必须认真书写出实验报告。

第二节　有机化学实验室安全知识

在有机化学实验中，经常使用易燃试剂，如石油醚、二氯甲烷、乙醚、丙酮、乙醇、甲醇、苯、乙酸乙酯等；有毒试剂，如甲醛、苯肼、苯胺、硝基苯、氰化物等；有腐蚀性的试剂，如浓硫酸、浓盐酸、浓硝酸、烧碱等；易爆试剂，如有机过氧化物、重氮盐、苦味酸、高氯酸等。另外有机化学实验中也常使用玻璃仪器。实验中如果操作不当，很可能发生着火、烧伤、灼伤、割伤、爆炸、中毒等事故。为了防止发生意外事故，保障实验操作者和实验室的安全，确保实验顺利进行，实验操作者除了严格按操作规程操作外，还必须熟悉各种仪器、药品的性能和一般事故的处理等实验室安全知识。

一、有机化学实验注意事项

（1）实验开始前，应认真进行预习，熟悉实验操作；仔细检查玻璃器皿是否有破损或裂纹，仪器是否可用，仪器的表盘是否指示正确，实验装置是否安装正确、牢固。

（2）熟悉实验室内水、电、煤气、通风设施的开关。

（3）了解实验中所用试剂和仪器的性能。

（4）实验中所用的药品，不得随意移动、遗弃，使用后必须放回原处。对反应中产生的有毒气体、实验中产生的废液或固体废弃物，应按规定处理。

（5）实验过程中必须坚守岗位，实验室内严禁吸烟、饮食。

（6）不要在实验室内拨打手机，也不要将手机或其他电子产品放在实验台上。

（7）掌握各种安全用具（灭火器、沙桶和急救箱等）的使用方法。

（8）进行实验时，要认真观察、思考，如实记录实验现象，认真撰写实验报告。

（9）进行有危险性的实验时应佩戴防护眼镜、面罩和手套等防护用具。

（10）实验室必须有良好的通风设施。

二、事故的预防和处理

1. 火灾

为避免发生火灾，必须注意以下几点。

（1）对易挥发和易燃试剂，不要直接倒入下水槽中，应储存在指定的容器中，专门回收处理。

（2）处理易燃物时，应远离火源和其他有机试剂，不能用烧杯等广口容器盛放易燃溶剂，更不能用火直接加热。

（3）实验室不得存放大量易燃物。

（4）仔细检查实验装置、煤气管道是否破损漏气。

（5）处理过金属钠的剪刀、镊子、滤纸，要仔细检查并回收附着的钠块后再于清水中浸泡处理；实验台和地面必须用湿布处理。严禁将处理过金属钠的滤纸直接丢弃到垃圾桶中。

（6）用过的火柴梗必须用水处理，严禁将其直接丢弃到垃圾桶中。

（7）酒精灯中应加入适量的酒精，过多的酒精有引发火灾的危险。

（8）使用中的电热套虽然看不到明火，但遇到易燃有机试剂时也会引发火灾。

（9）油浴加热，温度过高时浴油也会燃烧。

（10）不要在实验室内抽烟。

实验室如果发生着火事故，应沉着镇静及时采取措施，不要惊慌，一般情况下也不要迅速撤离。着火面积较小时，用湿布即可将其熄灭。着火面积较大时应立即关闭煤气，切断电源，熄灭附近所有火源，迅速移开周围易燃物质，再用沙、石棉布或灭火器将火熄灭。如果火势很大，难以控制时，要迅速撤离，并立即拨打急救电话。一般情况下严禁用水灭火。衣服着火时，应立即用石棉布或厚外衣盖灭，火势较大时，应卧地打滚。

除干沙、石棉常备物品外，还常用灭火器灭火。实验室常备如下四种灭火器。

（1）二氧化碳灭火器　它通常用于扑灭油脂、电器及其他贵重物品着火。

（2）四氯化碳灭火器　它常用于扑灭电气设备内或电气设备附近着火。但在使用四氯化碳灭火器时要注意，因四氯化碳高温时能生成剧毒的光气，且与金属钠接触会发生爆炸，故不能在狭小和通风不良的环境中使用。

（3）泡沫灭火器　内装含发泡剂的碳酸氢钠溶液和硫酸铝溶液。使用时，有液体伴随大量的二氧化碳泡沫喷出，因泡沫能导电，注意不能用于电气灭火。

（4）干粉灭火器　干粉灭火器是利用加压的二氧化碳或氮气气体作动力，将干粉灭火剂喷出灭火。干粉灭火剂是一种干燥的、易于流动的微细固体粉末，由能灭火的基料和防潮剂、流动促进剂、结块防止剂等添加剂组成，主要有磷酸铵、碳酸氢钠、氯化钠、氯化钾干粉灭火剂等。可用于扑救石油、有机溶剂等易燃液体、可燃气体和电气设备的初起火灾。

不论使用何种方法灭火，都应从火的四周开始向中心灭火。

2．爆炸

实验中，由于违章使用易燃易爆物，或仪器堵塞、安装不当及化学反应剧烈等均能引起爆炸。为了防止爆炸事故的发生，应严格注意以下几点。

（1）某些化合物如过氧化物、干燥的金属炔化物或重氮盐、多硝基芳香化合物、硝酸酯等，受热或剧烈振动易发生爆炸。使用时必须严格按照操作规程进行。

（2）如果仪器装置安装不正确，也会引起爆炸。因此，常压操作时，安装仪器的全套装置必须与大气相通，严禁对密闭体系进行加热。减压或加压操作时，注意仪器装置能否承受其压力，安装完毕加入反应物料前，应进行加压或减压试验，实验中应随时注意体系压力的变化。

（3）若反应过于剧烈，致使某些化合物因受热分解，体系热量和气体体积突增有可能发生爆炸时，通常可用冷冻反应体系、控制加料速度等措施缓和反应。

（4）加热处理乙醚或四氢呋喃前必须用还原剂如硫酸亚铁除去其中的过氧化物。

（5）严禁用金属钠处理卤代烃类溶剂，如二氯甲烷和三氯甲烷。

3．中毒

化学药品大多有毒，因此实验中要注意以下几点，防止中毒。

（1）剧毒药品绝对不能用手直接接触。使用完毕应立即洗手，并将该药品严密封存。

（2）进行可能产生有毒或腐蚀性气体的实验时，应在通风橱中操作，也可用气体吸收装置吸收有毒气体。

（3）所有沾染过有毒物质的器皿，实验完毕要立即进行消毒处理和清洗。

4．割伤和灼伤

装配玻璃仪器时，注意不要用力过猛；所有玻璃断面应烧熔，消除棱角，防止割伤；应避免皮肤直接接触高温和腐蚀性物质，以免灼伤。

三、急救常识

1．玻璃割伤

若玻璃割伤为轻伤，应立即挤出污血，用消过毒的镊子取出玻璃碎片，再用蒸馏水洗净伤口，涂上碘酒或红药水，最后用绷带包扎。如果伤口较大，应立即用绷带扎紧伤口上部，防止大量出血，急送医院治疗。

2．火伤

若火伤为轻伤，应在伤处涂玉树油或蓝油烃油膏；重伤者，立即送医院治疗。

3．灼伤

灼伤后应立即用大量的水冲洗患处，再根据具体情况，选用下列方法处理后，立即送医院治疗。

（1）酸、碱液或溴入眼中，立即先用大量清水冲洗；若为酸液，再用1％碳酸氢钠溶液冲洗；若为碱液，再用1％硼酸溶液冲洗；对于溴，则用1％碳酸氢钠溶液冲洗。最后再用水冲洗。

（2）若玻璃碎片入眼中，应用清水冲洗，切勿用手揉擦。

（3）皮肤被酸、碱或溴液灼伤，立即用大量水冲洗；若为酸液，再用3％～5％碳酸氢钠溶液冲洗；若为碱液，再用1％醋酸洗。最后均用水洗，涂上烫伤油膏。若为溴液，用石油醚或酒精擦洗，再用2％硫代硫酸钠溶液洗至伤处呈白色，然后涂上甘油按摩。

4. 中毒

化学药品大多具有不同程度的毒性，如果不小心皮肤或呼吸道接触到有毒药品，会引起中毒。解毒方法要视具体情况而定。

（1）腐蚀性毒物　不论强碱或强酸，先饮用大量的温开水。对酸，可服用氢氧化铝胶、鸡蛋白；对碱，可服用醋、酸果汁或鸡蛋白。不论酸或碱中毒，都要灌注牛奶，不要服用呕吐剂。

（2）刺激性及神经性毒物　可先服用牛奶或鸡蛋白使之缓解，再将约30g硫酸镁溶于一杯水中，服用催吐剂（也可用手按压舌根促使呕吐），并立即送医院抢救。

（3）有毒气体　先将中毒者转到室外，解开衣领和纽扣。对吸入少量氯气或溴气者，可用碳酸氢钠溶液漱口。严重者立即送医院抢救。

5. 急救药箱

为了及时处理事故，实验室中应具备急救药箱。箱内置有下列物品。

（1）绷带、白纱布、止血膏、医用镊子、药棉、剪刀和橡皮管等。

（2）医用凡士林、玉树油或蓝油烃软膏、獾油、碘酒、紫药水、酒精、磺胺药物和甘油等。

（3）1％及3％～5％碳酸氢钠溶液、2％硫代硫酸钠溶液、1％醋酸溶液、1％硼酸溶液和硫酸镁等。

第三节　常用玻璃仪器简介

使用玻璃仪器时，要轻拿轻放。除试管、烧杯和各种烧瓶外，都不能直接加热；不能加热厚壁玻璃器皿（如吸滤瓶）；不能将锥形瓶用于减压实验；不能高温烘烤有刻度的计量容器（如量筒、刻度吸管）；带旋塞的玻璃仪器用后洗净，并在旋塞与磨口之间垫上纸片，以防粘着；旋塞未分离的玻璃仪器不能泡在碱液中处理，否则易导致旋塞粘着；温度计不得用于测量超过温度计刻度范围的温度，也不得作为搅拌棒使用，使用后应缓缓冷却，切勿立即用冷水冲洗，以防炸裂或指示液断开。

有机化学实验室玻璃仪器可分为普通玻璃仪器和标准磨口玻璃仪器。

标准磨口玻璃仪器是具有标准化磨口或磨塞的玻璃仪器。由于仪器口塞尺寸的标准化、系统化、磨砂密合，凡属于同类规格的接口，均可任意连接，各部件能组装成各种配套仪器。与不同类型规格的部件无法直接组装时，可使用转换接头连接。使用标准磨口玻璃仪器，既可免去配塞子的麻烦，又能避免反应物或产物被塞子沾污的危险，磨口塞性能良好，可达较高真空度，对蒸馏尤其减压蒸馏有利，对于毒物或挥发性液体的实验较为安全。

标准磨口玻璃仪器，均按国际通用的技术标准制造，当某个部件损坏时，可以选购。

现在常用的是锥形标准磨口，磨口部分的锥度为 $1：10$，即若轴向长度 $H=10\text{mm}$ 时，锥体大端的直径与小端直径之差 $D-d=1\text{mm}$。

由于玻璃仪器容量及用途不同，标准磨口的大小也有不同。通常以整数数字表示磨口的系列编号，这个数字是锥体大端直径（以毫米表示）的最接近的整数。下面是常用的标准磨口系列：

编号	10	12	14	19	24	29	34
大端直径/mm	10.0	12.5	14.5	18.8	24.0	29.2	34.5

有时也用 D/H 两个数字表示磨口的规格，如 $14/23$，即大端直径为 14mm，锥体长度为 23mm。

使用标准磨口玻璃仪器应注意以下几点。

（1）磨口塞应保持清洁，使用前宜用软布揩拭干净，但不能附上棉絮。

（2）使用前在磨砂口塞表面涂以少量凡士林或真空油脂，以增强磨砂口的密合性，避免磨面的相互磨损，同时也便于接口的装拆。

（3）装配时，把磨口和磨塞轻轻地对旋连接，不宜用力过猛。不能装得太紧，只要达到润滑密闭要求即可。

（4）用后应立即拆卸洗净。否则，对接处常会粘牢，以致拆卸困难。

（5）装拆时应注意相对的角度，不能在角度偏差时进行硬性装拆，否则极易造成破损。

（6）磨口套管和磨塞应该由同种玻璃制成。

一、常见玻璃仪器

1. 普通玻璃仪器（见图 1-1）

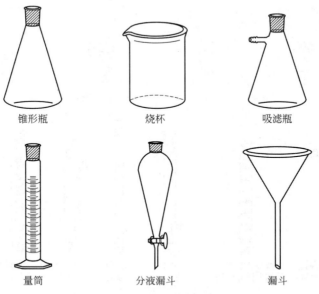

锥形瓶	烧杯	吸滤瓶

量筒	分液漏斗	漏斗

图 1-1　常用普通玻璃仪器

2. 标准磨口玻璃仪器（见图 1-2）

3. 微型仪器（见图 1-3）

二、玻璃仪器的清洗

1. 玻璃仪器的清洗

实验中所用的玻璃仪器必须保持洁净，实验台上放置的玻璃仪器、用具必须完整。实验

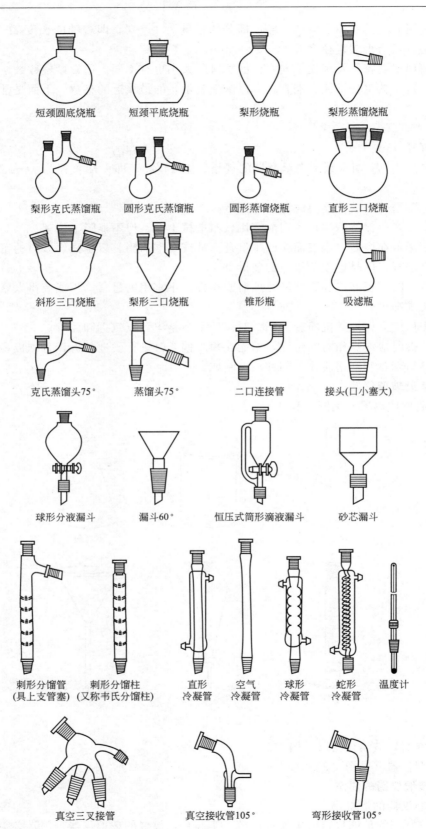

短颈圆底烧瓶　　短颈平底烧瓶　　梨形烧瓶　　梨形蒸馏烧瓶

梨形克氏蒸馏瓶　　圆形克氏蒸馏瓶　　圆形蒸馏烧瓶　　直形三口烧瓶

斜形三口烧瓶　　梨形三口烧瓶　　锥形瓶　　吸滤瓶

克氏蒸馏头75°　　蒸馏头75°　　二口连接管　　接头(口小塞大)

球形分液漏斗　　漏斗60°　　恒压式筒形滴液漏斗　　砂芯漏斗

刺形分馏管 (具上支管塞)　　刺形分馏柱 (又称韦氏分馏柱)　　直形 冷凝管　　空气 冷凝管　　球形 冷凝管　　蛇形 冷凝管　　温度计

真空三叉接管　　真空接收管105°　　弯形接收管105°

温度计套管　　搅拌器套管　　U形干燥管　　直形干燥管　　斜形干燥管

图 1-2　常用标准磨口玻璃仪器

圆底烧瓶　　二口烧瓶　　离心试管（锥底反应瓶）　　蒸馏头　　克氏接头

空气冷凝管　　直形冷凝管　　微型蒸馏头　　微型分馏头　　真空指形冷凝管（真空冷指）

锥形瓶　　抽滤瓶　　玻璃漏斗及玻璃钉　　具支试管　　真空接收器

干燥管　　大小头接头　　温度计套管（直通式）　　二通旋塞及导气管　　玻璃塞

图 1-3　国产微型化学制备仪器示意图

操作者应养成实验完毕后立即清洗仪器的习惯，因为实验操作者了解玻璃仪器上残渣的成分和性质，容易找出合适的清洗方法。如酸性或碱性残渣，分别可用碱液或酸液处理。一般有机物用有机溶剂处理。

最简单的清洗方法是用毛刷蘸上去污粉、合成洗衣粉或洗涤液洗刷，再用清水冲洗干净，倒置晾干。对于金属氧化物和碳酸盐，可用盐酸清洗；银镜和铜镜可用硝酸清洗；对一些焦油和炭化残渣，若用强酸或强碱洗不掉，可采用铬酸洗液浸洗。有时也可用废有机溶剂清洗。也可将玻璃仪器浸泡于由氢氧化钾、工业酒精、水混合而成的碱性溶液中一段时间后再取出洗涤。

玻璃仪器洗净的标志是：仪器倒置时，器壁不挂水珠。

2. 仪器的干燥

（1）自然晾干　洗净的仪器，在规定的地方倒置放置一段时间，任其自然风干。这是最常用的干燥方法。

（2）烘干　一般用电烘箱。洗净的仪器，倒尽其中的水，放入烘箱。箱内温度保持在100～120℃左右。烘干后，停止加热，待冷至室温取出即可。分液漏斗和滴液漏斗，要拔出旋塞或盖子后，才可加热烘干。

（3）吹干　可用电吹风的热风或气流烘干器将仪器吹干。

（4）用有机溶剂干燥　对体积小且急需干燥的仪器可用此法。将仪器洗净后，先用滴管吸取少量酒精或丙酮清洗仪器内壁上的水分，然后再用电吹风吹干。用过的溶剂应倒入回收瓶。

三、塞子的配置与玻璃加工

在有机化学实验中，经常使用塞子（橡胶塞或软木塞）并需要对玻璃管或玻璃棒进行加工。这是有机化学实验操作者必须具备的基本知识和技能。

1. 塞子的配置

（1）塞子的选择　有机化学实验室常用橡胶塞或软木塞来封闭瓶口和连接普通玻璃仪器的各部件，瓶塞选配的是否恰当，对仪器的安装和实验能否顺利进行有直接的关系。选用软木塞时，其表面不要有裂纹和深洞。在钻孔或使用之前，要用软木塞滚压器（图1-4）把塞子慢慢压紧压软。这样可使软木塞内部结构均匀密集，防止钻孔时塞子破裂或使用时吸收过多的液体。软木塞滚压器也可用两块木板代替。经过滚压，塞子大小应与仪器的口径相适应，塞子进入仪器口径的部分以塞子本身长度的1/2～2/3为宜（图1-5）。

图1-4　软木塞滚压器

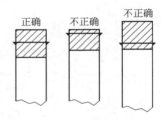

图1-5　塞子的配置

（2）塞子的保护　为了使塞子紧密、耐久和增强耐腐蚀性能，可采用下面两种方法将塞子进行处理。

① 将软木塞先在3份皮胶、5份甘油和100份水的溶液中浸泡15～20min，溶液的温度应保持在50℃。取出干燥后，再用25份凡士林和75份石蜡的熔融混合物浸泡几分钟。

② 将橡胶塞放在温度为100℃的熔化石蜡中浸泡1min。用来通腐蚀性气体（如氯气）的橡胶管也应该这样处理。

（3）塞子的钻孔和装配　在装配仪器时，常需在塞子中插入温度计或其他玻璃管，这就需要在塞子上钻孔。钻孔的大小应保证使温度计或管子能够插入，并且又不会漏气。软木塞钻孔时，打孔器的外径应略小于所装管子的口径。钻孔时，打孔器要垂直均匀地从塞子的小端旋转钻入（图1-6），避免把孔眼打斜。当钻至塞子的1/2时，旋出打孔器，捅出其中的塞芯，再从塞子的大端对准原钻孔位置把孔钻透。若用钻孔机，要把钻头对准塞子小端的适当位置，摇动手轮，直至钻透为止，然后再反向转动，退出钻头。在给橡胶塞钻孔时，钻孔器应刚好能套在要插入的玻璃管的外面。打孔器的前部最好敷以凡士林或水，使之润滑便于钻入。必要时，钻孔还可以用圆锉进行修整或稍稍扩大。

将温度计或玻璃管插入塞孔时，可先用水、甘油或凡士林润滑玻璃管的插入端，然后一手持塞子，一手捏着玻璃管靠近塞子的部位（必要时也可以戴手套或用布包着玻璃管），逐渐旋转插入（图 1-7）。如果手捏玻璃管的位置离塞子太远，操作时往往会折断玻璃管而伤手；更不能捏在弯处，该处更易折断。从塞孔拔出玻璃管时，应遵循同样原则。

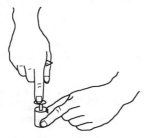

图 1-6 橡胶塞的钻孔

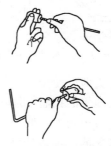

图 1-7 温度计或玻璃管配塞操作

2. 玻璃管的加工

（1）玻璃管的切割 选择干净、粗细合适的玻璃管，平放在台面上，左手捏紧玻璃管，右手持锉刀或医用小砂轮，用锋利的边缘压在欲截断处（图 1-8），从与玻璃管垂直的方向用力向内或向外划出一锉痕（只能朝单一方向划，切忌来回划），然后用双手握住玻璃管（也可用布包住），锉痕向外，两大拇指顶住锉痕背面轻轻推压，同时两手向外拉，则玻璃管即在锉痕处断裂（图 1-9）。为了使玻璃管折断处平滑，不致伤及操作者的皮肤，可用锉刀面轻轻将其锉平，或将折断处放在火焰上烧熔，使之光滑，方法是将折断处放在火焰的外焰，不断转动玻璃管，烧到管口微红即可。不可烧得太久，否则会使管口变形、缩小。

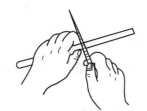

图 1-8 玻璃管的切割

图 1-9 玻璃管的折断

截断较粗的玻璃管时，可利用玻璃管骤热、骤冷易裂的性质，采用下面的方法：将一根末端拉细的玻璃管在灯焰上加热至白炽，使之呈熔球状，立即将熔球部分触放到用水润湿的粗玻璃管的锉痕处，锉痕处骤然受热而断裂。

（2）玻璃管的弯曲 弯曲玻璃管时，先将玻璃管的欲弯曲部分放在火焰上左右移动预热，除去管中的水汽。然后两手持玻璃管，保持水平，将欲弯曲处放在氧化焰中加热，同时两手等速、同向缓慢地旋转玻璃管，使之受热均匀。当玻璃管适度软化但又不会自动变形时，迅速离开火焰，然后轻轻地顺势弯曲至所需角度［图 1-10（a）］。若玻璃管要弯成较小的角度时，可多次弯曲。玻璃管弯曲部分，厚度和粗细必须保持均匀，不应在弯曲处出现瘪陷和纠结［图 1-10（b）］。

（3）滴管的拉制 选取粗细、长度适当的干净玻璃管，两手持玻璃管的两端，将中间部位放入喷灯火焰中加热，并不断地朝一个方向慢慢转动，使之受热均匀（图 1-11）。当玻璃管烧至发黄变软时，立即离开火焰，沿水平方向慢慢地向两端拉开并同时向同一方向旋转玻璃管，待其粗细程度符合要求时停止拉伸。拉出的细管子应和原来的玻璃管在同一轴上，不能歪斜，否则重新拉制（图 1-12）。待冷却后，从拉细部分的中间截断，即得两支滴管。然后每支滴管的粗玻璃管端用喷灯烧软，在石棉网上垂直下压，使粗玻璃管端直径稍微变大，

图 1-10　玻璃管的弯曲

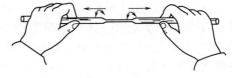

图 1-11　玻璃管的加热

装上橡皮乳头即可使用。

（4）毛细管的拉制　取一支干净的细玻璃管（直径约 1cm、壁厚约 1mm），放在喷灯上加热，火焰由小到大，同时不断均匀地转动玻璃管，当玻璃管被烧黄软化时，立即离开火焰，两手水平地边拉边转动，开始拉时要慢一些，然后再较快地拉长，直到拉成直径约为 1mm 的毛细管（图 1-13）。把拉好的毛细管按所需长度的两倍截断，两端用小火封闭以免贮藏时有灰尘和湿气进入。使用时，再从中间截断，即可作熔点管和沸点管的内管。若拉成直径为 0.1mm 左右的毛细管，可用作层析点样管。

图 1-12　滴管的拉制

图 1-13　毛细管的拉制

四、加热和冷却

1. 加热

由于有些有机反应在常温下很难进行或反应速率很慢，常需要加热来提高反应速率。一般反应温度每升高 10℃，反应速率就相应地增加一倍。实验室中常采用的加热方法有直接加热、热浴加热和电热套加热。

（1）直接加热　在玻璃仪器下垫石棉网进行加热。加热时，灯焰要对着石棉部分，不要偏向铁丝网，否则会造成局部过热，仪器受热不均匀，甚至发生仪器破损。这种加热方式只适用于沸点高且不易燃烧的有机物。

（2）水浴加热　加热温度在 80℃ 以下的可用水浴。加热时，将容器下部浸入热水中（热浴的液面应略高于容器中液体的液面），切勿使容器接触水浴锅底，防止局部过热。调节火焰的大小，使浴中水温控制在所需的温度范围内。如需加热到接近 100℃，可用沸水浴或水蒸气浴。由于水会不断蒸发，应注意及时补加。

（3）油浴加热　如果加热温度在 80～250℃ 之间，可用油浴。常用的油浴见表 1-1。

表 1-1　常用的油浴

油　　类	液体石蜡	豆油和棉籽油	硬化油	甘油和邻苯二甲酸二丁酯
可加热的最高温度/℃	220	200	250	140～180

由于油易燃，加热时油蒸气易污染实验室和着火。因此，加热时应在油浴中悬挂温度计，随时观察和调节温度。若发现油严重冒烟，应立即停止加热。注意油浴温度不要超过所能达到的最高温度。植物油中加 1% 对苯二酚，可增加其热稳定性。

（4）沙浴加热　加热温度在 250～350℃ 之间的可用沙浴。一般用铁盘装沙，将容器下部埋在沙中，并保持底部有一层薄沙，四周的沙稍厚些。因为沙子的导热效果较差，温度分布不均匀,温度计水银球要紧靠容器壁。

此外,也可用与容器大小一致的电热包或封闭式电炉加热。

(5)电热套加热 电热套用玻璃纤维丝与电热丝编织成半圆形的内套,外边加上金属外壳,中间填上保温材料。根据内套直径的大小(单位:mL)分为50、100、150、200、250等规格,最大可到3000mL。此设备不用明火加热,使用较安全。由于它的结构是半圆形的,在加热时,烧瓶处于热气流中,因此,加热效率较高。使用时应注意,不要将药品洒在电热套中,以免加热时药品挥发污染环境,同时避免电热丝被腐蚀而断开。用完后放在干燥处,否则内部吸潮后会降低绝缘性能。

2. 冷却

在有些放热反应中,随着反应的进行,温度不断上升,反应愈加剧烈,而同时副反应也增多。因此,必须用适当的冷却剂,使反应温度控制在一定的范围内。此外,冷却也用于减小某化合物在溶剂中的溶解度,以便得到更多的结晶。

根据冷却的温度不同,可选用不同的冷却剂。最简单的方法是将反应容器浸在冷水中。若反应要求在室温以下进行,可选用冰或冰-水作冷却剂。若水对整个反应无影响,也可将冰块直接投入反应容器内。

如果要进行0℃以下的冷却,可用碎冰加无机盐的混合物作冷却剂(见表1-2)。注意在制备冷却剂时,应把盐研细,再与冰按一定的比例混合。

表 1-2 冰盐冷却剂

盐类	100 份碎冰中加入盐的份数	能达到的最低温度/℃
NH_4Cl	25	-15
$NaNO_3$	50	-18
$NaCl$	33	-21
$CaCl_2 \cdot 6H_2O$	100	-29
$CaCl_2 \cdot 6H_2O$	143	-55

固体二氧化碳(干冰)或液氮和某些有机溶剂(乙醇、氯仿、丙酮等)混合,可得更低温度(-78~-50℃)。必须指出,温度低于-38℃时,不能用水银温度计,应使用内装有机液体的低温温度计。

五、干燥

干燥是指除去固体、液体和气体中少量水分(也包括除去有机溶剂)。有机化学实验中,干燥是既普遍又重要的基本操作之一。例如,样品的干燥与否直接影响熔点、沸点测定的准确性,也影响核磁共振谱和元素分析测定结果的可靠性;有些有机反应,要求原料和产品"绝对"无水,为防止在空气中吸潮,在与空气相通的地方,还必须安装各种干燥管。因此,对干燥操作必须严格要求,认真对待。

干燥方法一般可分为:物理法和化学法。

物理法有吸附、分馏及共沸蒸馏等。此外,离子交换树脂和分子筛也常用于脱水干燥。离子交换树脂是一种不溶于水、酸、碱和有机物的高分子聚合物。分子筛是结晶态的硅酸盐或硅铝酸盐,由硅氧四面体或铝氧四面体通过氧桥键相连而形成。因它们内部有许多空隙或孔穴,可以吸附水分子。加热后,又释放出水分子,故可反复使用。

化学法是用干燥剂去水。按其去水作用可分为两类:第一类与水可逆地结合生成水合物,如无水氯化钙、无水硫酸镁和无水硫酸钠等。第二类与水不可逆地生成新的化合物,如金属钠、五氧化二磷、氢化钙等。实验中应用较广的是第一类干燥剂。

1. 液体有机化合物的干燥

（1）利用分馏或生成共沸混合物去水　对于不与水生成共沸物的液体有机物，若其沸点与水相差较大，可用精密分馏柱分开。还可利用某些有机物与水形成共沸混合物的特性，向待干燥的有机物中加入另一有机物，由于该有机物与水所形成的共沸混合物的共沸点低于待干燥有机物的沸点，蒸馏时可逐渐将水带出，从而达到干燥的目的。常利用正己烷、苯、甲苯和水形成共沸物除去有机物中的水分。

（2）使用干燥剂去水

① 干燥剂的选择　选择干燥剂时，除考虑干燥效能外，还应注意下列几点，否则，将失去干燥的意义。

a. 不能与被干燥的有机物发生任何化学反应或起催化作用。

b. 不溶于该有机物中。

c. 干燥速度快，吸水量大，价格低廉。

通常是先用第一类干燥剂后，再用第二类干燥剂除去残留的微量水分，而且仅在要彻底干燥的情况下，才用第二类干燥剂。各种有机物常用的干燥剂见表 1-3。

表 1-3　各类有机物常用的干燥剂

化合物类型	干燥剂	化合物类型	干燥剂
烃	$CaCl_2$、Na、P_2O_5、CaH_2	酮	K_2CO_3、$CaCl_2$、$MgSO_4$、Na_2SO_4
卤代烃	$MgSO_4$、Na_2SO_4、$CaCl_2$、P_2O_5、CaH_2	酸、酚	$MgSO_4$、Na_2SO_4
醇	K_2CO_3、$MgSO_4$、Na_2SO_4、CaO	酯	$MgSO_4$、Na_2SO_4、K_2CO_3
醚	$CaCl_2$、Na、P_2O_5	胺	KOH、$NaOH$、K_2CO_3、CaO
醛	$MgSO_4$、Na_2SO_4	硝基化合物	$CaCl_2$、$MgSO_4$、Na_2SO_4

② 干燥剂的性能　干燥剂的性能是指达到平衡时液体被干燥的程度。对于形成水合物的无机酸盐类干燥剂，常用吸水后结晶水的蒸气压来表示。例如硫酸钠可形成 10 个结晶水的水合物，其吸水容量（指单位质量干燥剂所吸的水量）达 1.25；氯化钙最多能形成 6 个结晶水的水合物，其吸水容量达 0.97，两者在 25℃时水蒸气压分别为 253.27Pa 及 39.99Pa。因此，硫酸钠的吸水量较大，但干燥效能弱。氯化钙则不然。所以，在干燥含水量较多又不易干燥的化合物时，常先用吸水量较大的干燥剂除去大部分水，然后再用干燥效能强的干燥剂。常用干燥剂的性能与应用范围见表 1-4。

表 1-4　常用干燥剂的性能与应用范围

干燥剂	吸水作用	吸水容量	干燥性能	干燥速度	应用范围
氯化钙	形成 $CaCl_2 \cdot nH_2O$ $n=1,2,4,6$	0.97 按($n=6$ 计)	中等	较快	常用的液体和气体干燥剂，但不能用于醇、酚、胺、酰胺及某些醛、酮的干燥
硫酸镁	形成 $MgSO_4 \cdot nH_2O$ $n=1,2,4,5,6,7$	1.05 按($n=7$ 计)	较弱	较快	干燥酯、醛、酮、腈、酰胺等
硫酸钠	$Na_2SO_4 \cdot 10H_2O$	1.25	弱	缓慢	一般用于有机液体的初步干燥
硫酸钙	$CaSO_4 \cdot H_2O$	0.06	强	快	作最后干燥之用（与硫酸镁配合）
氢氧化钾(钠)	溶于水	—	中等	快	用于干燥胺、杂环等碱性化合物
金属钠	$Na + H_2O \longrightarrow NaOH + \frac{1}{2}H_2$	—	强	快	只用于干燥醚、烃类中少量水分
氧化钙	$CaO + H_2O \longrightarrow Ca(OH)_2$	—	强	较快	用于干燥低级醇类
五氧化二磷	$P_2O_5 + 3H_2O \longrightarrow 2H_3PO_4$	—	强	快	用于干燥醚、烃、卤代烃、腈
分子筛	物理吸附	0.25	强	快	用于干燥各类有机物

③ 干燥剂的用量　干燥剂的用量可根据干燥剂的吸水量和水在液体中的溶解度以及液体的分子结构来估计。一般对于含亲水基团的化合物（如醇、醚、胺等），干燥剂的用量要过量多些，而不含亲水基团的化合物要过量少些。由于各种因素的影响，很难规定具体的用量。大体上说，每 10mL 液体约需 0.5～1g 干燥剂。

但在干燥前，要尽量分出待干燥液体中的水，不应有任何可见水层及悬浮水珠。将液体置于锥形瓶中，加入干燥剂（其颗粒大小适宜。太大，吸水缓慢；过细，吸附有机物较多，且难以分离），塞紧瓶口，振荡片刻，静置观察。若发现干燥剂黏结于瓶壁，应补加干燥剂。然后放置至少 0.5h 以上，最好过夜。有时干燥前液体显浑浊，干燥后可变为澄清，以此作为水分已基本除去的标志。已干燥的液体，可直接滤入蒸馏瓶中进行蒸馏。

2. 固体有机化合物的干燥

固体有机化合物的干燥主要指除去残留在固体中的少量低沸点有机溶剂。

（1）干燥方法

① 自然干燥　适用于干燥在空气中稳定、不分解、不吸潮的固体。干燥时，把待干燥的物质放在干燥洁净的表面皿或其他敞口容器中，薄薄摊开，任其在空气中通风晾干。这是最简便、最经济的干燥方法。

② 烘干干燥　适用于熔点较高且遇热不分解的固体。把待烘干的固体，放在表面皿或蒸发皿中，用恒温烘箱或红外灯烘干。注意加热温度必须低于固体有机物的熔点。

③ 干燥器干燥　凡易吸潮分解或升华的物质，最好放在干燥器内干燥。干燥器内常用的干燥剂见表 1-5。

④ 真空干燥　将欲干燥的固体有机物置于圆底或梨形烧瓶中，用抽气接头连接真空泵抽气减压数小时。

⑤ 真空加热干燥　将固体样品置于真空干燥箱中真空加热干燥。

表 1-5　干燥器内常用的干燥剂

干燥剂	吸去的溶剂或其他杂质
CaO	水、醋酸、氯化氢
$CaCl_2$	水、醇
NaOH	水、醋酸、氯化氢、酚、醇
H_2SO_4[①]	水、醋酸、醇
P_2O_5	水、醇
石蜡片	醇、醚、石油醚、苯、甲苯、氯仿、四氯化碳
硅胶	水

① 为了判断硫酸是否失效，通常在 100mL 浓硫酸中，溶解 18g 硫酸钡，硫酸吸水后浓度降到 84% 以下，若有细小的硫酸钡结晶析出，就应更换硫酸。

（2）干燥器的类型

① 普通干燥器　因其干燥效率不高且所需时间较长，一般用于保存易吸潮的药品。

② 真空干燥器　它的干燥效率比普通干燥器好。使用时，注意真空度不宜过高。一般以水泵抽至盖子推不动即可。启盖前，必须首先缓缓放入空气，然后启盖，防止气流冲散样品。

③ 真空恒温干燥器　干燥效率高，特别适用于除去结晶水或结晶醇。但此法仅适用于少量样品的干燥。

3. 气体的干燥

气体的干燥主要用吸附法。

（1）用吸附剂吸水　吸附剂是指对水有较大亲和力，但不与水形成化合物，且加热后可重新使用的物质，如氧化铝、硅胶等。前者吸水量可达其质量的 15%～20%；后者可达其质量的 20%～30%。

（2）用干燥剂吸水　装干燥剂的仪器一般有干燥管、干燥塔、U 形管及各种形式的洗气瓶。前三者装固体干燥剂，后者装液体干燥剂。根据待干燥气体的性质、潮湿程度、反应条件及干燥剂的用量可选择不同仪器。一般气体干燥时所用的干燥剂见表 1-6。

表 1-6　气体干燥时所用的干燥剂

干燥剂	可干燥的气体
CaO、NaOH、KOH、碱石灰	胺类
无水 $CaCl_2$	H_2、HCl、CO_2、SO_2、N_2、O_2、低级烷烃、醚、烯烃、卤代烃
P_2O_5	H_2、O_2、CO_2、SO_2、N_2、烷烃、乙烯
浓 H_2SO_4	H_2、N_2、CO_2、Cl_2、HCl、烷烃
$CaBr_2$、$ZnBr_2$	HBr

为使干燥效果更好，应注意以下几点。

① 用无水氯化钙、生石灰干燥气体时，均应用颗粒状，勿用粉末状，以防吸潮后结块堵塞。

② 用气体洗气瓶时，应注意进、出管口不能接错，并调好气体流速，不宜过快。

③ 干燥完毕，应立即关闭各通路，以防吸潮。

第四节　其他常用仪器设备简介

实验室有很多电气设备，使用时应注意安全，并保持这些设备的清洁，千万不要将药品洒到设备上。

1. 烘箱

实验室一般使用的是恒温鼓风干燥箱，主要用于干燥玻璃仪器或无腐蚀性、热稳定好的药品。使用时应先调好温度（烘玻璃仪器一般控制在 100～110℃）。刚洗好的仪器应将仪器倒置晾干后再放入烘箱中。烘仪器时，将烘热干燥的仪器放在上边，湿仪器放在下边，以防湿仪器上的水滴到热仪器上造成仪器炸裂。热仪器取出后，不要马上碰冷的物体如冷水、金属用具等。带旋塞或具塞的仪器，应取下塞子后再放入烘箱中烘干。

2. 气流烘干器

气流烘干器是一种用于快速烘干仪器的设备，如图 1-14。使用时，将仪器洗干净后，甩掉多余的水分，然后将仪器套在烘干器的多孔金属管上。注意随时调节热空气的温度。气流烘干器不宜长时间加热，以免烧坏电机和电热丝。

3. 电吹风

实验室用电吹风，主要是供纸色谱、薄层色谱驱赶溶剂及玻璃仪器快速干燥用，应具有可吹冷、热风功能。不宜长时间连续吹热风，以防损坏热丝。用后保存前应加油保养、存放干燥处，以防潮、防腐蚀。

4. 电动搅拌器

电动搅拌器（图 1-15）用于反应器内搅拌，使用时注意接地，安装端正、无障碍，使转动平稳，应随时检查发动机发热情况，以免超负荷运转而烧坏。不宜搅拌太黏稠的液体。

用后保存要事先加润滑油，注意防潮、防腐蚀。

图 1-14　气流烘干器　　　图 1-15　电动搅拌器　　　图 1-16　电磁搅拌器

5. 电磁搅拌器

这种搅拌器主要由一个可旋转的磁铁和用玻璃或聚四氟乙烯密封的磁转子组成，有的仪器附有电热板，转速和温度均有专用电位器控制和调节（图 1-16）。使用时，让磁转子沿器壁滑入反应器内（不要投入，以防砸裂器壁），将反应器置于电磁搅拌器的托盘（电热板）上，接通电源，慢慢开启调速旋钮至合适的速度即可。使用完毕，切断电源，所有旋钮应回复到零位。注意切勿使水或反应液漏进搅拌器内，以防短路损坏。存放时也应防潮、防腐蚀。在使用磁子前一定要检查磁性，防止加入液体搅拌时磁子由于失去磁性而无法搅拌。

6. 调压变压器

调压变压器分为两类，一类可与电热套相连用来调节电热套温度，另一类可与电动搅拌器相连用来调节搅拌器速度。也可以将两种功能集中在一台仪器上，这样使用起来更为方便。但是两种仪器由于内部结构不同不能相互串联，否则会将仪器烧毁。使用时应注意以下几点。

（1）先将调压器调至零点，再接通电源。

（2）使用旧式调压器时，应注意安全，要接好地线，以防外壳带电。注意输出端与输入端不能接错。

（3）使用时，先接通电源，再调节旋钮到所需要的位置（根据加热温度或搅拌速度来调节）。调节变换时，应缓慢进行。无论使用哪种调压变压器都不能超负荷运行，最大使用量为满负荷的 2/3。

（4）用完后将旋钮调至零点，关上开关，拔掉电源插头，放在干燥通风处，应保持调压变压器的清洁，以防腐蚀。

7. 旋转蒸发器

旋转蒸发器可用来回收、蒸发有机溶剂（相当于减压蒸馏）。由于它使用方便，近年来在有机实验室中被广泛使用。它利用一台电机带动可旋转的蒸发瓶（一般为圆底烧瓶）、冷凝管、接收瓶，如图 1-17 所示。此装置可在常压或减压下使用，可一次进料，也可分批进料。由于蒸发器在不断旋转，不加沸石也不会暴沸。同时，由于液体附于壁上形成了一层液膜，加大了蒸发面积，使蒸发速度加快。

使用时应注意以下几点。

（1）严格按照通冷凝水、旋转、抽真空、加热的顺序操作仪器。切忌先加热再抽真空，这样极易暴沸。

（2）减压蒸馏时，当温度高、真空度高时，瓶内液体可能会暴沸。此时，及时转动插管

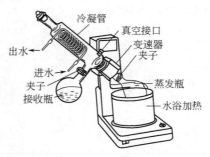

冷凝管
出水
进水
夹子
接收瓶
真空接口
变速器
夹子
蒸发瓶
水浴加热

图 1-17　旋转蒸发器

开关，通入空气降低真空度即可。对于不同的物料，应找出合适的温度与真空度，以平稳地进行蒸馏。

（3）停止蒸发时，先停止加热，开启旋塞与大气相通，停止抽真空，关闭旋转，关闭冷凝水，切断电源。若烧瓶取不下来，可趁热用木槌轻轻敲打，以便取下。

（4）对低沸点液体，如二氯甲烷、乙醚、三氯甲烷、丙酮等，用低温循环泵（冷却介质常用无水乙醇）连接旋转蒸发器的冷凝管，在 $-30\sim-20℃$ 冷却，冷凝效果较好。

8. 电子天平

电子天平是实验室常用的称量设备，尤其在微量、半微量实验中经常使用。

Scout 电子天平是一种比较精密的称量仪器，其设计精良，可靠耐用（图 1-18）。它采用前面板控制，具有简单易懂的菜单，可自动关机。电源可以采用 9V 电池或随机提供的适配器。

图 1-18　Scout 电子天平

使用方法如下。

（1）开机　按"rezero on"，瞬时显示所用的内容符号后依次出现软件版本号和 0.0000g。热机时间为 5min。

（2）关机　按"mode off"直至显示屏指示"off"，然后松开此键实现关机。

（3）称量　天平可选用的称量单位有：克（g）、盎司（oz）、英两（ozt）、英担（dwt）。重复按"mode off"选定所需要的单位，然后按"rezero on"，调至零点（一般已调好，请不要动）。在天平的称量盘上添加需要称量的样品，从显示屏上读数。

（4）去皮　在称量容器内的样品时，可通过去皮功能，将称量盘上的容器质量从总质量中除去。将空的容器放在称量盘上，按"rezero on"使显示屏置零，加入所称量的样品，天平即显示出净质量，并可保持容器的质量直至再次按"rezero on"。

电子天平是一种比较精密的仪器，因此，使用时应注意维护和保养。

（1）天平应放在清洁、稳定的环境中，以保证测量的准确性。勿放在通风、有磁场或产生磁场的设备附近，勿在温度变化大、有震动或存在腐蚀性气体的环境中使用。

（2）请保持机壳和称量台的清洁，以保证天平的准确性，可用蘸有柔性洗涤剂的湿布擦洗。

（3）将校准砝码存放在安全干燥的场所，在不使用时拔掉交流适配器，长时间不用时取出电池。

（4）使用时，请不要超过天平的最大量程。

9. 循环水多用真空泵

循环水多用真空泵是以循环水作为流体，利用射流产生负压的原理而设计的一种新型多用真空泵，广泛用于蒸发、蒸馏、结晶、过滤、减压和升华等操作中，它所能获得的极限真空为 2000～4000Pa。由于水可以循环使用，避免了直排水的现象，节水效果明显。因此，是实验室理想的减压设备。水泵一般用于对真空度要求不高的减压体系中。图 1-19 为 SHB-Ⅲ型循环水多用真空泵的外观示意图。

使用时应注意以下几点。

（1）真空泵抽气口最好接一个缓冲瓶，以免停泵（断电）时，水被倒吸入反应瓶中，使反应失败。

（2）开泵前，应检查是否与体系接好，然后，打开缓冲瓶上的旋塞。开泵后，用旋塞调至所需要的真空度。关泵时，先打开缓冲瓶上的旋塞，拆掉与体系的接口，再关泵。切忌相反操作。

（3）应经常补充和更换水泵中的水，以保持水泵的清洁和真空度。

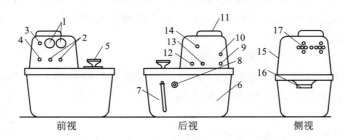

图 1-19　SHB-Ⅲ型循环水多用真空泵外观示意图

1—真空表；2—抽气嘴；3—电源指示灯；4—电源开关；5—水箱上盖手柄；
6—水箱；7—放水软管；8—溢水嘴；9—电源线进线孔；10—保险座；
11—电机风罩；12—循环水出水嘴；13—循环水进水嘴；14—循环
水开关；15—上帽；16—水箱把手；17—散热孔

10. 旋片式真空泵

泵内偏心安装的转子与定子固定面相切，两个（或以上）旋片在转子槽内滑动（通常为径向）并与定子内壁相接触，将泵腔分为几个可变容积的一种旋转变容积真空泵。通常，旋片与泵腔之间的间隙用油来密封，所以旋片真空泵一般是油封式机械真空泵。其工作压力范围为 $101325～1.33×10^{-2}$ Pa，属于低真空泵。它可以单独使用，也可以作为其他高真空泵或超高真空泵的前级泵。由于旋片用金属制成，易受酸性物质腐蚀而损坏，因此，在旋片式真空泵的抽气口前要加装干燥塔（加氯化钙除水，因水与真空泵油混合后降低抽真空效果）、和碱塔（加氢氧化钾除酸性物质，保护旋片不被腐蚀）。有时也串联装有固体石蜡的塔除去有机物。

11. 真空压力表

真空压力表常用来与水泵或油泵连接在一起使用，测量体系内的真空度。常用的压力表有 U 形管水银压力计和莫氏真空规等，见图 1-20。在使用水银压力计时应注意：停泵时，先慢慢打开缓冲瓶上的放空阀，再关泵。否则，由于汞的密度较大（$\rho = 13.9\text{g} \cdot \text{cm}^{-3}$），在快速流动时，会冲破玻璃管，使汞喷出，造成污染。在拉出和推进泵车时，应注意保护水银压力计。

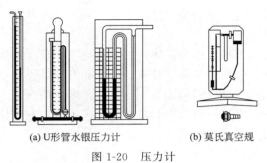

(a) U形管水银压力计   (b) 莫氏真空规

图 1-20 压力计

第五节 实验预习和实验报告

一、实验预习

有机化学实验是一门综合性的理论联系实际的课程，同时，也是培养学生动手能力的重要环节，因此，要达到实验的预期效果，必须在实验前认真预习有关实验内容，做好实验前的准备工作。

实验前的预习，归结起来是看、查、写。

看：仔细地阅读与本次实验有关的全部内容，不能有丝毫的粗心和遗漏。

查：通过查阅手册和有关资料来了解实验中要用到或可能出现的化合物的性质和物理常数。

写：在看和查的基础上认真写好预习笔记。每个学生都应准备一本实验预习的笔记本。预习笔记内容包括以下几点。

（1）实验目的和要求，实验原理和反应式。需用的仪器和装置的名称及性能，溶液浓度和配制方法，主要试剂和产物的物理常数，主要试剂的规格用量（g、mL、mol）等。

（2）阅读实验内容后，根据实验内容用自己的语言正确写出简明的实验步骤（不能照抄！），关键之处应注明。步骤中的文字可用符号简化。例如，化合物只写分子式：克用"g"，毫升用"mL"，加热用"△"，加用"+"，沉淀用"↓"，气体逸出用"↑"；仪器以示意图代之。这样在实验前已形成了一个工作提纲，实验时按此提纲进行。

（3）合成实验应列出粗产物纯化过程及原理。

（4）对于将要做的实验中可能会出现的问题（包括安全和实验结果），要写出防范措施和解决方法。

二、实验记录

实验时应认真操作，仔细观察，积极思考，并且应不断地将观察到的实验现象及测得的各种实验数据及时、如实地记录在记录本上，记录时不能使用铅笔，防止涂改。记录必须做到简明扼要，字迹整洁。实验完毕后，将实验记录交教师审阅。

三、实验报告

实验报告是总结实验进行的情况，分析实验中出现的问题，整理归纳实验结果必不可少的基本环节，把直接的感性认识提高到理性思维阶段的必要一步，因此必须认真地写好实验报告。实验报告的格式如下。

1. 性质实验报告

实验×××

实验目的和要求：

实验原理：

操作记录：

实验步骤	现象	解释和反应式

结果与讨论：

2. 合成实验报告

实验×××

实验目的和要求：

装置图及反应式：

主要试剂用量及规格：

实验步骤及现象：

实验步骤	现象

粗产物精制：

产量、计算产率：

问题讨论：

最后注意，实验报告只能在实验完毕后报告自己的实验情况，不能在实验前写好。实验后必须交实验报告。报告中的问题讨论，一定是自己实验的心得体会和对实验的意见、建议。通过讨论来总结和巩固在实验中所学的理论和技术，进一步培养分析问题和解决问题的能力。

第二章 有机化学实验基本操作

第一节 有机化合物物理常数的测定

　　熔点、沸点、折射率、旋光度、相对密度、溶解度等物理常数是有机化合物的基本物理属性，即一个纯的有机化合物的各项物理常数都是固定的。测定有机化合物的物理常数可以鉴定有机化合物，比较测定值与标准值的差可以粗略估计有机化合物的纯度。还可以依据物理常数如沸点、溶解度等的差异，设计分离、提纯有机化合物的方案。

实验一 熔点的测定及温度计的校正

【预习提示】

1. 预习熔点的定义并查阅一些固态有机化合物的熔点。
2. 思考影响有机化合物熔点测定准确度的因素。

一、实验目的

1. 了解熔点测定的意义。
2. 掌握熔点测定的方法。
3. 掌握利用对纯有机化合物的熔点测定校正温度计的方法。

二、实验原理

　　熔点（melting point）是晶体物质由固态转变（熔化）为液态的过程中固、液共存状态的温度，即该晶体固、液两相共存并处于平衡时的温度，是有机化合物的物理性质之一。一般情况下，不同有机化合物晶体的熔点不同；同一种晶体，熔点又与所受压强有关。大多数情况下，非晶体没有固定的熔点。有机化合物的熔点并不是固定不变的，压力和有机化合物的纯度对熔点影响很大。

　　① 压力　平时所说的有机化合物的熔点，通常是指在一个标准大气压。如果压力变化，有机化合物的熔点也要发生变化。熔点随压力的变化有两种不同的情况。对于大多数有机化合物，熔化过程是体积增大的过程。当压力增大时，这些有机化合物的熔点要升高。对于像水这样的物质，与大多数物质不同，冰融化成水的过程体积要缩小（金属铋、锑等也是如此），当压力增大时冰的熔点要降低。

　　② 有机化合物的纯度　如果有机化合物含有杂质，往往导致熔点降低。

　　有机化合物的熔点通常用毛细管法或显微镜法来测定。实际上所测得的不是一个温度点，而是熔化范围，即固体样品从开始熔化到完全熔化为液体时的温度范围，即熔程。纯净的固态有机化合物通常都有固定的熔点（熔化范围即熔程约在 0.5℃ 以内）。如有其他物质混入，则对其熔点有显著影响，导致熔点降低，熔程增大。因此，通过测定有机化合物的熔点可以鉴别有机化合物和定性检验有机化合物的纯度。

在测定熔点之前，要把样品研成细末（减小固体样品之间的空隙，有利于热传导），并放在干燥器或烘箱中充分干燥（除去样品所含的微量水分）。在处理样品和测定熔点过程中，确保样品不被污染，即与样品接触的所有器皿必须干净。

三、仪器与试剂

1. 仪器

b 形管（提勒管）、毛细管、玻璃管、表面皿、玻璃棒、温度计等。

2. 试剂

乙酰苯胺、未知物（苯甲酸、尿素）、液体石蜡等。

四、实验步骤

（一）毛细管法测熔点

1. 样品管的制备

将内径为 1mm 左右，长度为 6～8cm 的毛细管一端放入酒精灯的外焰上倾斜 45°，来回转动，烧熔封住一端的管口。

2. 填装样品

把样品装入毛细管中。把干燥的样品置于干净的表面皿上，用玻璃棒研细后在表面皿上堆成小堆。将毛细管的开口端插入样品中，装取少量样品粉末。然后把毛细管开口端向上，在桌面上轻顿几下，使样品掉入管底，这样重复取样品几次。将一根长约 40～50cm 玻璃管直立于倒扣的表面皿上，样品管开口朝上，放入玻璃管中自由下落（毛细管的下落方向必须和桌面垂直，否则毛细管极易折断），重复几次，使样品紧聚在毛细管底部。样品必须装得均匀和结实。样品的高度约为 2～3mm。

3. 熔点测定装置

测熔点最常用的仪器是如图 2-1 所示的 b 型熔点测定管，也称提勒管。

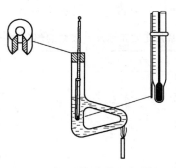

图 2-1　提勒管熔点测定装置

用提勒管测定熔点时，装有样品的毛细管通过橡皮圈被捆绑在温度计上（橡皮圈要高出液面），样品部分靠近温度计水银球的中部。将带有毛细管的温度计通过有缺口的软木塞或橡皮塞，小心地插入提勒管。可从软木塞或橡皮塞的缺口处看到温度计，便于观察温度计的读数。要使样品部分处在管径的中心线上并置于提勒管两支管中间的位置。内装浴液要高出提勒管的上支管约 1cm。用酒精灯加热提勒管的弯曲处时，浴液受热向上移动而在提勒管中形成循环，使样品周围液体受热均匀。用提勒管测熔点时，管内的温度分布不太均匀，往往使测得的熔点不够准确。但提勒管使用时很方便，加热快、冷却快，在实验室测熔点时经常使用。

提勒管中的浴液通常用浓硫酸、甘油、液体石蜡、水等。依据所测熔点的高低选择浴液的种类。熔点在140℃以下，最好用液体石蜡或甘油。药用液体石蜡可加热到220℃仍不变色。熔点在140℃以上时，可用浓硫酸，但热的浓硫酸具有极强的腐蚀性，如果加热不当，浓硫酸溅出时易伤人。因此，测定熔点时一般要戴护目镜。

温度超过250℃时，浓硫酸发出白烟妨碍温度计的读数。在这种情况下，可在浓硫酸中加入硫酸钾，加热形成饱和溶液，然后进行测定。

使用浓硫酸作浴液，有时由于有机物如捆绑温度计的橡皮圈掉入浓硫酸内而变黑，妨碍对样品熔融过程的观察。在这种情况下，可以加入一些硝酸钾晶体，以除去有机物质。

4. 测定熔点

（1）粗略测定熔点　对于未知物，首先应该测定熔点的大致范围。按图 2-1 进行加热，升温速度可稍快些，一般每分钟 4～5℃，直到样品熔化。记下此时温度计的读数，为下次精确测定熔点作参考。粗测熔点后，移开火焰，浴液温度低于粗测熔点 30℃左右时，取出温度计，换上第二支装样品的毛细管进行测定[1]。

（2）精确测定熔点　换上第二支样品管，起初以每分钟 4～5℃升温，当温度距粗测熔点 15℃时，控制加热，以每分钟升温 1～2℃为宜。接近粗测熔点时，升温速度不超过每分钟 1℃。仔细观察样品，当样品开始塌落、湿润、出现小液滴时，表明样品开始熔化，记下此时的温度（初熔温度）。继续加热至固体全部消失，变为透明液体时，记下此时的温度（全熔温度）。初熔温度至全熔温度范围即为样品的熔点范围，即熔程。浴液降温后换上第三支装样品的毛细管进行第三次测定。

按上述步骤测定下列样品的熔点：

乙酰苯胺（粗测一次，精测两次）；

未知物（粗测一次，精测两次）。

根据表 2-1 推断未知物可能是哪种有机化合物。将未知物和推测物按 1：1 混合后再测混合物的熔点，根据所测熔点和熔程判断未知物和推测物是否为同一种物质[2]。

表 2-1　常用于校正温度计读数的部分物质及其熔点

样品	熔点/℃	样品	熔点/℃
冰-水	0	尿素	132
对二氯苯	53	水杨酸	159
苯甲酸苯酯	70	2,4-二硝基苯甲酸	183
萘	80	3,5-二硝基苯甲酸	205
间二硝基苯	90	蒽	216
乙酰苯胺	114	对硝基苯甲酸	242
苯甲酸	122	蒽醌	286

5. 温度计的校正

用以上方法测定熔点时，温度计上的熔点读数与真实熔点之间常有一定的偏差。这可能是由于温度计的误差所引起的。校正温度计，常采用纯净的有机化合物的熔点作为校正的标准。校正时只要选择数种已知熔点的纯净化合物作为标准，测定它们的熔点，以观察到的熔点作横坐标，与已知熔点的差值作纵坐标，画成曲线。在任一温度时温度计的校正值即可直接从曲线上读出。

可用作标准的一些化合物熔点见表 2-1，校正时可以选用。

零度的测定最好用蒸馏水和纯冰的混合物。在一个 15cm×2.5cm 的试管中放置蒸馏水 20mL，将试管浸在冰盐浴中冷至蒸馏水部分结冰，用玻璃棒搅动使成冰-水混合物，将试管自冰盐浴中移出，然后将温度计插入冰-水混合物中，轻轻搅动混合物，温度恒定后（2～3min）读数。

（二）测定熔点的其他方法

1. 双浴式熔点测定器

用图 2-2(a) 所示双浴式熔点测定器来测定熔点，效果较好。它由 250mL 长颈圆底烧瓶，有棱缘的试管（试管的外径稍小于圆底烧瓶的内径）和温度计组成。烧瓶内盛着约占烧瓶容量 1/2 的合适的易导热的液体作为浴液。把装样品的毛细管（其下端用少许热浴液如浓硫酸润湿）沾附在温度计上，或用橡皮圈套在温度计上，使装样品的部分正靠在温度计水银球的中部。温度计用一个刻有沟槽的单孔塞固定在试管中，热浴隔着空气（空气浴，试管内也可装浴液）把温度计和样品加热，使它们受热均匀。双浴式熔点测定器所测熔点准确，但温度上升较慢，耗时较长。

2. 显微熔点测定仪

如图 2-2(b) 所示。将微量研细的样品夹在两片载玻片之间，置于加热台上在显微镜下观察样品的熔化过程。样品结晶的棱角开始变圆时为初熔，结晶形状完全消失为全熔。与前两种装置相比，所需样品的量更少，在显微镜下观察样品的熔化过程更清楚，所测结果也更准确。使用该仪器时，一定要按照仪器的使用说明书，小心地操作，仔细观察现象，正确记录熔程数据。

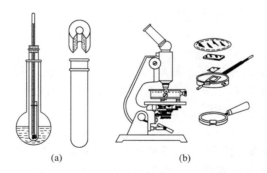

图 2-2 （a）双浴式熔点测定器；（b）显微熔点测定仪

3. 数字熔点测定仪

数字熔点测定仪采用光电检测，数字温度显示技术，具有始熔、全熔自动显示功能，可与记录仪配合使用，具有熔化曲线自动绘制等功能。

五、注释

［1］不能将已用过的样品管冷却后重复使用。因为某些物质会发生部分分解，或转变成具有不同熔点的其他晶型。

［2］有时两种熔点相同的不同物质混合后，熔点可能维持不变，也可能上升，这种现象可能与生成新的化合物或存在固溶体有关。

六、思考题

1. 影响熔点测定结果准确性的因素有哪些？如何影响？

2. 如何根据所测未知物的熔点判断未知物是哪种有机化合物？

实验二　沸点的测定

【预习提示】

1. 预习沸点的定义并查阅一些液态有机化合物的沸点。

2. 思考影响有机化合物的沸点及测定准确度的因素。

一、实验目的

1. 了解沸点测定的意义。

2. 掌握常量法和微量法测定沸点的方法。

二、实验原理

通常情况下，纯净的液态有机物在大气压力下有确定的沸点[1]。所谓的沸点（boiling point）就是液态有机物在某一外界大气压时，液体上方的蒸气压等于外界大气压时的温度。一个有机物沸点的高低除和有机物本身的性质有关外，还和外界大气压的大小有直接的关系。一般情况下有机物的沸点所指外界大气压为一个标准大气压。

通常用蒸馏（常量法）的方法来测定液体的沸点。但是，若仅有少量样品（甚至少到几滴）时，用微量法测定可以得到较为满意的结果。本实验主要用微量法测定沸点。

三、仪器与试剂

1. 仪器

b 形管、毛细管、150℃温度计、玻璃管、酒精灯等。

2. 试剂

乙酸乙酯、甲醇、甲苯、液体石蜡等。

四、实验步骤

1. 样品管的准备

取内径约为 3～5mm 的玻璃管，截取长约 6～8cm 一段，将其一端在酒精喷灯上封闭（封闭端要薄），作为装样品的外管，用于盛装液体样品。另取长约 8cm、内径约为 1mm 的毛细管，一端封闭制作一根内管。

2. 样品填装

填装样品时，把外管略微温热，迅速地把开口一端插入样品中，这样，就有少量液体吸入管中。将管直立，使液体流到管底，样品高度应为 6～8mm。也可用细吸管把样品装入外管。把一端封闭的毛细管开口端向下插入外管中的样品里（可用一根细线捆住毛细管的封闭端，使毛细管的开口端靠近外管的底部而又不接触外管的底部）。将外管用橡皮圈或细铜丝固定在温度计上（图 2-3），样品部分靠近温度计水银球的中部。把样品管和温度计放入 b 形管内。

3. 沸点测定

将热浴慢慢地加热，使温度均匀地上升。当温度比沸点稍高时，可以看到从毛细管开口端有一连串小气泡溢出。停止加热，让热浴慢慢冷却。当毛细管开口端不冒气泡且气泡将要缩回毛细管时，此时毛细管内液体的蒸气压和外界大气压相等，记录温度即为该液体的沸点。如样品减少要随时增加，不用拔出毛细管可进行第二和第三次测定。

4. 沸点的校正

同一有机物在不同地区（不同的外界大气压下）测得的沸点不同。一般情况下外界大气压每低于标准大气压（760mmHg）10mmHg，测得沸点比标准沸点（760mmHg 下的沸点）

低 0.35℃。可用图 2-4 估计不同地区测定的沸点与标准沸点的差值，也可通过测定的沸点估计测定误差。

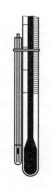

图 2-3　微量法测沸点

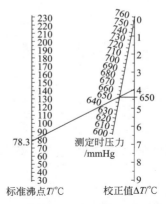

图 2-4　沸点换算图

五、注释

[1] 有一定沸点的有机物不一定都是纯净物，有些二元或三元共沸物也有一定的沸点。如 95.57% 的乙醇和 4.43% 的水组成的二元共沸混合物，其沸点是 78.17℃。是否有恒定的沸点不能作为判断有机物是否纯净的标志。

六、思考题

1. 试根据沸点的定义讨论微量法测定沸点的原理。第一次测定的沸点往往比第二或第三次偏低，为什么？

2. 样品管中所加样品的高度对测定结果有何影响？

3. 如果把热的毛细管（内管）插入液体样品中，试讨论所测结果的准确性。

实验三　折射率的测定及标准折射率

【预习提示】

1. 预习折射率定义并查阅一些液态有机化合物的折射率。

2. 思考温度如何影响液态有机化合物的折射率。

一、实验目的

1. 了解折射率测定的意义。

2. 掌握阿贝（Abbe）折光仪的使用方法。

二、实验原理

折射率（refractive index）是有机化合物重要物理常数之一。它是液体有机化合物的纯度标志，也可以作为定性鉴定的依据。

当光线从一种介质 m 射入另一种介质 M 时，光的速度发生变化，光的传播方向（除非光线与两介质的界面垂直）也会改变，这种现象称为光的折射现象。光线方向的改变是用入射角 θ_i 和折射角 θ_r 来度量（如图 2-5 所示）。根据光折射定律，则

$$\frac{\sin\theta_i}{\sin\theta_r} = \frac{v_m}{v_M}$$

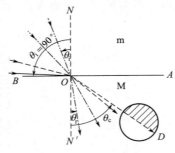

图 2-5　光的折射

我们把光的速度比值 v_m/v_M 称为介质 M 的折射率（相对于介质 m）。即

$$n' = \frac{v_m}{v_M}$$

若 m 是真空，则 $v_m = c$（真空中的光速），故

$$n = \frac{c}{v_M} = \frac{\sin\theta_i}{\sin\theta_r}$$

在测定折射率时，一般是光从空气射入液体介质中，而

$$\frac{c}{v_{空气}} = 1.00027（即空气的折射率）$$

因此，我们通常用在空气中测得的折射率作为该介质的折射率。

$$n = \frac{v_{空气}}{v_{液体}} = \frac{\sin\theta_i}{\sin\theta_r}$$

但是在精密的工作中，应对两者加以区别。折射率与入射光波长及测定时介质的温度有关，故表示为 n_λ^t。例如 n_D^{20} 即表示以钠光的 D 线（波长 589.3nm）在 20℃时测定的折射率。对于一个化合物，当 λ、t 都固定时，它的折射率是一个常数[1]。

由于光在空气中的速度接近于真空中的速度，而光在任何介质中的速度均小于光速，所以所有介质的折射率都大于 1。从上式可看出 $\theta_i > \theta_r$。

当入射角 $\theta_i = 90°$ 时，这时的折射角最大，称为临界角 θ_c。

如果 θ_i 从 0° 到 90° 都有入射的单色光，那么折射角 θ_r 从 0° 到临界角 θ_c 也都有折射光，即 $\angle N'OD$ 区是亮的，而 $\angle DOA$ 区是暗的；OD 是明暗两区的分界线。从分界线的位置可以测出临界角 θ_c。若 $\theta_i = 90°$，$\theta_r = \theta_c$，

$$n = \frac{\sin 90°}{\sin\theta_c} = \frac{1}{\sin\theta_c}$$

只要测出临界角，即可求得介质的折射率。

在有机化学实验室中，一般用阿贝（Abbe）折光仪来测定折射率。在折光仪上所刻的读数不是临界角度数，而是已换算好的折射率，可直接读出。由于仪器上有消色散棱镜装置，所以可直接使用白光作光源，其测得的数值与钠光的 D 线所测得的结果相同。

三、仪器与试剂

1. 仪器

WYA 型阿贝（Abbe）折光仪。

2. 试剂

乙酸乙酯、丙酮、无水乙醇、水、未知样品等。

四、实验步骤

1. 将折光仪置于光源充足的桌面上，记录温度计所示的温度。

2. 小心地扭开直角棱镜的闭合旋钮，把上下棱镜分开。用少量丙酮、乙醇或乙醚润冲上下两镜面，分别用擦镜纸沿同一方向把镜面轻轻擦拭干净（切勿来回擦）[2]。

3. 待完全干燥后，使下面光滑面棱镜处于水平状态，滴加 2～3 滴待测液体到光滑面上。合上棱镜，适当扭紧闭合旋钮，使液体夹在两棱镜的夹缝中成一液层，液体要充满视野，无气泡。打开遮光板，调节反射镜使光线射入棱镜，视野明亮。从 1.300 开始转动棱镜手轮，直到从目镜中可观察到视场中有界线或出现彩色光带。倘若出现彩色光带，可调整消色散镜调节器，使明暗界线清晰，再转动棱镜使界线恰好通过"十"字的交叉点。调节目镜，使视场清晰。从镜筒中读出折射率[3]，重复三次。

4. 测定完毕，用洁净柔软的脱脂棉或擦镜纸将棱镜表面的样品揩去，再用蘸有丙酮的脱脂棉球轻轻朝一个方向擦干净。待溶剂挥发干后，关闭棱镜。

五、注释

[1] 折射率具有加和性。测得的折射率与某化合物的折射率等同，不能完全确定所测物就是该化合物。

[2] 使用折光仪时，不应使仪器暴晒于阳光下。要保护棱镜，不能在镜面上造成划痕。在滴加液体样品时，滴管的末端切不可接触棱镜。避免使用对棱镜、金属保温套及其间的胶合剂有腐蚀或溶解作用的液体。

[3] 手册和教材中化合物的折射率是在钠光线 20℃下的测定值 n_D^{20}，可认为标准值。在温度 t 时测定的折射率可通过下式换算成标准值 n_D^{20}：

$$n_D^{20} = n_D^t + 0.00045(t - 20℃)$$

将不同温度所测得的折射率换算成 20℃时的折射率，可参照折射率的标准值，判断是否纯净。

六、思考题

1. 温度对折射率的测定有何影响？

2. 用所测得的折射率来判断物质的纯度时需要注意什么问题？

实验四　旋光度的测定及比旋光度

【预习提示】

1. 预习偏振光的概念，手性有机化合物的旋光性，查阅一些有机化合物的比旋光度。

2. 思考有机化合物的旋光能力与哪些因素有关。

一、实验目的

1. 了解旋光度测定的意义。

2. 了解旋光仪的构造。

3. 掌握旋光度的测定方法。

4. 学习比旋光度的计算。

二、实验原理

手性化合物能使偏振光的振动平面旋转一定的角度，这个角度称为旋光度（optical rotation）。因此，手性化合物又称旋光性物质或光学活性物质。光学活性物质使偏振光振动平面向右旋转（顺时针方向）的叫右旋光物质，向左旋转（逆时针方向）的叫左旋光物质。某一手性化合物的旋光能力的大小除和物质本身的性质有关外，还和测定时溶液的浓度、所用溶剂、温度、盛液管的长度和所用光源的波长等有关。手性化合物旋光能力的大小用比旋光度[1]表示，它可以看作是在特定条件下的旋光度。在给定实验条件下测得的旋光度可以换算成比旋光度（specific rotatory power），进而计算出旋光性化合物的光学纯度[2]。这些对鉴定、合成、研究具有生理活性的手性有机物十分重要。

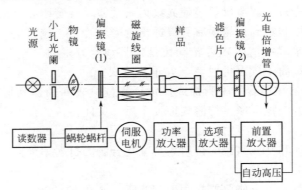

图 2-6　旋光仪的结构示意图

　　测定溶液或液体物质旋光度的仪器是旋光仪。在旋光仪（参见图 2-6）中偏振镜（1），即起偏镜，用于产生偏振光；偏振镜（2），即检偏镜，用于测定偏振光穿过光学活性物质后偏振光旋转的角度和方向。测得的旋光度 α 的大小与测定时所用样品的浓度、盛液管的长度、测定时的温度、所用光波的波长及溶剂的性质有关。某手性化合物的比旋光度在特定条件下为一常数。比旋光度 [α] 和旋光度 α 有如下关系：

$$[\alpha]_\lambda^t = \frac{\alpha}{\rho l}$$

式中　α——旋光仪测得的旋光度；

　　　l——样品管的长度，用 dm 度量；

　　　λ——光源的波长，通常是钠光源中的 D 线，以 D 表示；

　　　t——测定时的温度，℃；

　　　ρ——溶液的质量浓度，以每毫升溶液中所含溶质的质量（以 g 计）表示。如果测定的旋光性物质为纯液体，ρ 为密度（g·cm^{-3}）。

　　比旋光度 [α] 是指特定条件下（波长、温度和溶剂），样品管长度为 1dm，溶液浓度为 1g·mL^{-1}时的旋光度。

　　表示旋光度时必须注明测定时使用的溶剂。

　　旋光方向用＋、－表示。右旋用（＋）表示，左旋用（－）表示，外消旋体用（±）或（dl）表示[3]。

三、仪器与试剂

1. 仪器

WXG-Ⅳ型圆盘旋光仪。

2. 试剂

葡萄糖、果糖、蒸馏水等。

四、实验步骤

1. 配制溶液

准确称量样品，放到 25mL 容量瓶中配成溶液。一般溶剂可选用蒸馏水、乙醇等。配制成 10% 葡萄糖水溶液、5% 果糖水溶液和未知浓度的葡萄糖水溶液。

2. 仪器接入 220V 交流电源，打开电源开关，预热 5min，钠光灯发光正常。

3. 测定仪器的零点

将样品管装入蒸馏水或空白溶剂，放入样品室，盖上样品室盖。样品管中若有气泡，让气泡浮在旋光管的凸出部分，光路中不能有气泡。用软布揩干通光面两端的雾状水滴。样品管螺帽不宜旋得过紧，以免产生应力，影响读数。将刻度盘调至零点左右，旋转粗动、微动手轮，使视场Ⅰ和Ⅱ部分的亮度均匀一致，明暗界线消失（图 2-7），记下左、右刻度盘读数。重复操作三次，取其平均值，为仪器的零点。

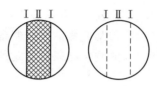

图 2-7　旋光仪三分视场

4. 取出蒸馏水管，装入等长的样品管，盖好样品室盖。重新旋转粗动、微动手轮，使视场Ⅰ和Ⅱ部分的亮度均匀一致，记下左、右刻度盘读数。重复操作三次。

5. 测出 10% 葡萄糖水溶液旋光度（测定值要减去仪器零点），计算葡萄糖的比旋光度。

6. 测未知浓度葡萄糖水溶液旋光度，由葡萄糖的比旋光度计算出葡萄糖浓度。

7. 测出 5% 果糖水溶液旋光度，计算果糖的比旋光度。

五、注释

[1] 一些糖的比旋光度见表 2-2。

表 2-2　一些糖的比旋光度

名称	$[\alpha]_D^{20}$	名称	$[\alpha]_D^{20}$
D-葡萄糖	$+53°$	麦芽糖	$+136°$
D-果糖	$-92°$	乳糖	$+55°$
D-半乳糖	$+84°$	蔗糖	$+66.5°$
D-甘露糖	$+14°$	纤维二糖	$+35°$

[2] 由比旋光度可以计算光学活性物质的光学纯度（optical purity，OP），其定义是：旋光性物质的比旋光度除以光学纯样品在相同条件下的比旋光度：

$$OP = \frac{[\alpha]_{D观测值}^t}{[\alpha]_{D理论值}^t} \times 100\%$$

[3] 左旋或右旋的判断。分别测同一样品的两个不同浓度的旋光度（旋光管长度相同），看所测旋光度的比值是否和浓度的比值一致。如一致时，表明旋光方向为右旋，反之为左旋。同理，用不同长度的旋光管测同一浓度样品的旋光度，看所测旋光度的比值是否和旋光管长度的比值一致。

六、思考题

1. 测定旋光度时，对溶解样品的溶剂有什么要求？

2. 在测糖类的旋光度时，能否配制好样品后立即测定，为什么？

实验五 相对密度的测定

【预习提示】

1. 预习相对密度的定义。
2. 思考如何测量一不规则固体的体积。

一、实验目的

1. 了解测定相对密度的意义。
2. 掌握测定相对密度的方法。

二、实验原理

相对密度（relative density）是鉴定液体有机化合物的重要物理常数之一，可用来区别密度不同而组成相似的化合物，特别是当某些样品不能制备成适宜的固体衍生物时。例如液态烷烃，就是以沸点、密度、折射率等的测定结果来鉴定的。在微量制备实验中常用密度计算试剂的体积。

单位体积内所含物质的质量称为该物质的密度，密度的数值常以 d_4^{20} 形式记载（又称相对密度），指的是 20℃时物质质量与 4℃时同体积水的质量之比。因为水在 4℃时的密度为 1.00000g·cm^{-3}，所以当采用 g·cm^{-3} 为单位时，d_4^{20} 即该物质的相对密度。物质密度的大小与它所处的条件（温度、压力）有关；对于固体或液体物质来说，压力对密度的影响可以忽略不计。

三、仪器与试剂

1. 仪器

比重瓶、分析天平。

2. 试剂

乙酸乙酯[1]、蒸馏水[2]、鲜牛奶、白酒、酱油等。

四、实验步骤

1. 将容量为 1～5mL 比重瓶用洗液和蒸馏水洗净，干燥后放在分析天平上准确称重。

2. 用蒸馏水把它充满，置于 20℃的恒温槽中 15min，取出后将瓶中的液面调到比重瓶的刻度处。擦干外壁，称重，这样可求得瓶中蒸馏水在 20℃时的质量。

3. 倾去水，用少量乙醇润洗两次，再用乙醚润洗一次，吹干。干燥后，装入样品，在 20℃恒温槽中恒温后，调节瓶中液面到同一刻度。擦干外壁，称重，这样就可求得与水同体积的液体样品在 20℃时的质量。在测定时没有测定比重瓶中蒸馏水 4℃时的质量，因为温度低于室温很多，比较难以维持。但只要用 20℃时水的质量除以 20℃时水的相对密度（0.99823），就可得到同体积水在 4℃时的质量。因此所测样品的相对密度[3] 为：

$$d_4^{20}=\frac{20℃时样品的质量}{\dfrac{20℃时同体积水的质量}{0.99823}}=\frac{20℃时样品的质量}{20℃时同体积水的质量}\times0.99823$$

4. 分别测定乙酸乙酯、鲜牛奶、白酒、酱油的相对密度。

五、注释

[1] 在测定相对密度时，样品的纯度很重要。液体样品一般需要再进行一次蒸馏，蒸馏时收集沸点稳定的中间馏分供测定密度用。

[2] 所用蒸馏水须煮沸晾冷后备用。

[3] 测定相对密度除比重瓶法，还有比重计法和韦氏比重秤法。

六、思考题

1. 测定相对密度时为什么要用恒温水浴？
2. 对测定易挥发的有机液体的相对密度时，应注意哪些问题？

第二节　有机化合物的分离与提纯

实验六　蒸　馏

【预习提示】

1. 预习沸点的定义。
2. 思考蒸馏水的制作过程。

一、实验目的

1. 了解蒸馏的目的和意义。
2. 掌握沸点的定义和蒸馏的原理。
3. 掌握蒸馏的基本操作。
4. 了解蒸馏的适用范围。
5. 了解蒸馏过程中的安全措施。

二、实验原理

蒸馏（distillation）是分离与提纯液态有机化合物最常用的方法之一。通过蒸馏的方法，不仅可以把挥发性物质和不挥发性物质分离，还可以把沸点相差较大的有机物以及有色杂质等分离。

在通常情况下，纯净的液态有机物在大气压力下有确定的沸点。沸点就是液态有机物在某一外界大气压时，当液体上方的蒸气压等于外界大气压时的温度。一个有机物沸点的高低除和有机物本身的性质有关外，还和外界大气压有直接的关系。一般情况下有机物的沸点是指一个标准大气压下的沸点。蒸馏就是将有机液体加热到沸点，有机液体沸腾后变为蒸汽，蒸汽再经冷凝重新变为液态有机物的过程。因此，在常压下（一个大气压）通过蒸馏纯有机物可以测定它的沸点。当两种有机物的沸点相差较大时（一般至少相差30℃），蒸馏两种有机物的混合物，可将两种有机物分离。如果在蒸馏过程中，沸点发生变动，那就说明有机物不纯。因此借助蒸馏的方法不仅可以测定有机物的沸点，而且还可以定性地检验有机物的纯度。需要注意的是某些有机化合物往往能和其他组分形成二元或三元共沸混合物，它们也有恒定的沸点（共沸点），但不是纯净物。因此，不能认为蒸馏温度恒定或有恒定沸点的有机物都是纯净物。

三、仪器与试剂

1. 仪器

50mL 圆底烧瓶、电热套（酒精灯）、直形冷凝管、蒸馏头、接液管、100mL 锥形瓶、温度计等。

2. 试剂

工业酒精、沸石。

四、实验步骤

1. 蒸馏装置的装配方法

安装的一般原则是从下到上，从左到右。首先要根据热源的位置（电热套、酒精灯等）固定好圆底烧瓶[1] 的位置；装上蒸馏头和温度计后，再装其他仪器。把温度计插入螺口接头中，螺口接头装配到蒸馏头的上磨口。调整温度计的位置，务必使在蒸馏时水银球能完全被蒸汽所包围，即温度计水银球的上沿和蒸馏头支管的下沿在一水平线上（图 2-8）。这样才能正确测量出蒸汽的温度。

在另一铁架台上，用铁夹夹住冷凝管[2] 的中上部分，通过调整铁夹，可以调整冷凝管的上下高度和倾斜度，使冷凝管的中心线和蒸馏头支管的中心线成一直线。平移冷凝管，把蒸馏头的支管和冷凝管严密地连接起来；铁夹应调节到正好夹在冷凝管的中央部位，同时铁夹必须旋紧，防止冷凝管脱落。再装上接液管和接收器。连进、出水管（按下进上出连接，如图 2-9 所示）。

图 2-8　温度计的安装位置

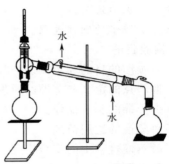

图 2-9　蒸馏装置

2. 蒸馏操作

蒸馏装置[3] 装好后，取下螺口接头，把要蒸馏的液体经长颈漏斗（不用短颈漏斗，防止液体从蒸馏头支管流出）倒入圆底烧瓶里[4]。漏斗的下端须伸到蒸馏头支管的下面。加 2～3 粒沸石[5]。

加热前，应再次检查仪器是否装配严密，必要时，应做最后调整。先通入冷凝水再加热。开始加热时，可以让温度上升稍快些。开始沸腾时，应密切注意蒸馏烧瓶中发生的现象。当冷凝的蒸汽环由瓶颈逐渐上升到温度计的水银球周围时，温度计的水银柱快速上升。调节火焰或浴温，使从冷凝管流出液滴的速度约为每秒钟 1～2 滴。在实验记录本上记录下第一滴馏出液滴入接收器时的温度。当温度计的读数稳定时，另换接收器收集[6]。如果温度变化较大，需多换几个接收器收集。所用的接收器都必须洁净，且事先称重。记录下每个接收器内馏分的温度范围和质量。若要收集馏分的温度范围已有规定，即可按规定收集。馏分的沸点范围越窄，则馏分的纯度越高。

蒸馏的速度不应太慢，太慢易使水银球周围的蒸汽短时间内中断，致使温度计的读数有不规则的变动；蒸馏的速度也不应太快，太快易使温度计读数不正确，同时也不能达到提纯的目的。在蒸馏过程中，温度计的水银球上应始终附有冷凝的液滴，以保证温度计的读数是气液两相平衡的温度。当瓶中仅残留少量液体时或温度计读数突然上升或下降时，应停止蒸馏。

停止蒸馏的顺序是先关热源[7,8]，待无液体蒸出时再关冷凝水。按与安装相反的顺序拆卸仪器[9]。将仪器洗净，摆放整齐。用过的沸石倒入垃圾桶中（不要倒在水槽中）。

记录加入液体的体积；接收器中滴入第一滴液体时温度计的读数；温度计恒定时的温度；不同馏分的质量及相应的温度范围。

回收样品[10,11]。

五、注释

[1] 圆底烧瓶是蒸馏时最常用的容器。它与蒸馏头组合习惯上称为蒸馏烧瓶。圆底烧瓶有长颈和短颈之分。一般情况下，蒸馏沸点低于120℃的有机物用长颈圆底烧瓶，蒸馏沸点高于120℃的有机物用短颈圆底烧瓶。所选圆底烧瓶的容量应由被蒸馏液体的体积来决定。通常所蒸馏液体的体积应占圆底烧瓶容量的1/3～2/3。如果装入的液体量过多，当加热到沸腾时，液体可能冲出，即暴沸，或者液体飞沫被蒸汽带出，混入馏出液中，起不到分离提纯的效果；如果装入的液体量太少，在蒸馏结束时，相对地会有较多的液体残留在瓶内蒸不出来，降低回收率。

[2] 当蒸馏沸点高于140℃的有机物时，应该换用空气冷凝管。

[3] 微量液体的蒸馏用微型蒸馏装置（如图2-10）。因为市场供应的成套微型玻璃仪器蒸馏头的收集阱的容量为4mL左右，大于4mL液体需换接馏分的体系用（a）装置，而小于4mL的液体又不需要换接馏分的用（b）装置。（c）装置用来蒸馏沸点高于140℃的有机物。安装微型蒸馏装置时要注意温度计水银球的位置，水银球的上端与微型蒸馏头收集阱的边沿平齐，用短橡皮管把温度计固定到温度计套管上，再插入微型蒸馏头的上口。

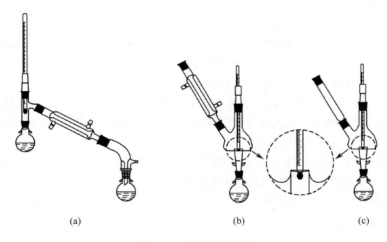

(a)　　　　　　　　(b)　　　　　　　　(c)

图 2-10　微型蒸馏装置

[4] 若液体里有干燥剂或其他固体物质，应在漏斗上放滤纸，或放入一小撮松软的脱脂棉或玻璃毛等，以滤去固体。也可以取下圆底烧瓶，把液体小心地倒入圆底烧瓶内，而把干燥剂保留在原来的容器中。注意在被蒸馏液体中不应有干燥剂（干燥剂随液体一起蒸馏时，干燥剂所吸附的水分由于受热而重新释放出来和有机物混合）。

[5] 向烧瓶里放入几根毛细管或几粒沸石可以防止暴沸。毛细管的一端封闭，开口的一端朝下。毛细管的长度应足以使其上端贴靠在烧瓶的颈部。沸石是把未上釉的瓷片敲碎成半粒米大小的小粒。毛细管和沸石的作用都是防止液体暴沸，使沸腾保持平稳。当液体加热时毛细管和沸石均能产生细小的气泡，成为沸腾中心，起到对液体的搅拌作用。在持续沸腾时，沸石或毛细管可以持续有效，而一旦停止沸腾或中途停止蒸馏，则原有的沸石或毛细管失效，再次加热蒸馏前，应补加新的沸石或毛细管。如果事先忘记加入沸石或毛细管，则绝不可在液体加热到接近沸腾时补加，因为这样往往会引起剧烈的暴沸，使部分液体冲出瓶外，有时还易发生着火事故。应待液体冷却后，再行补加。

[6] 如果蒸出的物质易受潮分解，可在接液管上连接一个氯化钙干燥管，以防止湿气侵

入；如果蒸馏的同时还放出有毒气体，则需要装配气体吸收装置；如果蒸馏出的物质易挥发，应将接收瓶浸于冰浴中（图 2-11）。

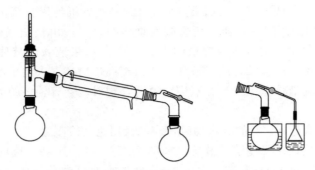

图 2-11 易受潮、有毒、易挥发液体的蒸馏

[7] 蒸馏低沸点易燃液体时（如乙醚），附近应禁止有明火，绝不能用火直接加热，也不能用正在火上加热的水浴加热，而应该用预先热好的水浴。为了保持必需的温度，可以适时地向水浴中添加热水。

[8] 如果蒸馏的液体很黏稠或含有较多的固体物质，加热时发生局部过热和暴沸现象，加入的沸石往往会失效。在这种情况下，可选用适当的热浴加热，例如可采用油浴或电热套。是选用合适的热浴加热，还是在石棉铁丝网上加热（烧瓶底部一般应紧贴在石棉铁丝网上），要根据被蒸馏液体的沸点、黏度和易燃程度等情况来决定。

[9] 在同一实验台上安装几套蒸馏装置且相互间的距离较近时，每两套装置的相对位置必须是蒸馏烧瓶对蒸馏烧瓶，或是接收器对接收器；避免使一套装置的蒸馏烧瓶与另一套装置的接收器紧密相邻，这样有着火危险。

[10] 蒸馏乙醇时只能得到 95％ 的乙醇，因乙醇和水形成共沸混合物，沸点 78.17℃。若要制得无水乙醇，需用生石灰、金属钠或镁条处理。

[11] 某二种或三种有机液体可形成二元或三元的共沸混合物（见表 2-3～表 2-5），不能通过蒸馏的方法分离。

表 2-3 二元最低共沸混合物

组分（甲）		组分（乙）		共沸混合物		
名称	沸点/℃	名称	沸点/℃	$w_甲$/%	$w_乙$/%	沸点/℃
乙醇	78.3	甲苯	110.5	68.0	32.0	76.6
乙酸乙酯	77.1	乙醇	78.3	69.4	30.6	71.8
叔丁醇	82.5	水	100.0	88.2	11.8	79.9
苯	80.1	异丙醇	82.5	66.7	33.3	71.9
苯	80.1	水	100.0	91.1	8.9	69.4
乙酸乙酯	77.1	水	100.0	91.8	8.2	70.4
水	100.0	乙醇	78.3	4.4	95.6	78.2

表 2-4 二元最高共沸混合物

组分（甲）		组分（乙）		共沸混合物		
名称	沸点/℃	名称	沸点/℃	$w_甲$/%	$w_乙$/%	沸点/℃
丙酮	56.4	氯仿	61.2	20.0	80.0	64.7
甲酸	100.7	水	100.0	77.5	22.5	107.3
氯仿	61.2	乙酸乙酯	77.1	22.0	78.0	64.5

表 2-5　三元最低共沸混合物

组分（甲）		组分（乙）		组分（丙）		共沸混合物			
名称	沸点/℃	名称	沸点/℃	名称	沸点/℃	$w_甲/\%$	$w_乙/\%$	$w_丙/\%$	沸点/℃
乙醇	78.3	水	100.0	苯	80.1	18.5	7.4	74.1	64.9
乙酸乙酯	77.1	乙醇	78.3	水	100.0	83.2	9.0	7.8	70.3

六、思考题

1. 蒸馏装置主要由哪三部分组成？

2. 如何选择蒸馏瓶和冷凝管？

3. 正确的温度计安装位置是什么？

4. 在蒸馏过程中要采取哪些安全措施？

5. 两种有机液体混合物用蒸馏方法可以分开的必要条件是什么？

实验七　分　　馏

【预习提示】

1. 预习沸点的定义及蒸馏操作。

2. 如果两种有机物的沸点相差不大时，试讨论通过简单的多次蒸馏将它们分离的可行性。

一、实验目的

1. 了解分馏的目的和意义。

2. 掌握分馏的原理和基本操作。

二、实验原理

液体混合物中的各组分，若沸点相差很大，差距达 30℃ 以上，可以用普通蒸馏分离；若沸点相差不大，则用普通蒸馏就难以完全分离，而应当用分馏（fractional distillation）的方法分离。

如果将两种挥发性液体的混合物进行蒸馏，在沸腾温度下，其气相与液相达成平衡。由于沸点不同，挥发性不同，液体上方的混合蒸汽中会含有较多的易挥发或低沸点组分。将此混合蒸汽冷凝成液体，其组成与气相组成相同，即含有较多的易挥发组分，而残留液体中必然含有较多的难挥发或高沸点组分。这就是一次简单蒸馏。如果将蒸汽冷凝后的液体重新蒸馏，即又进行了一次气液平衡，将此蒸汽冷凝而得到的液体中易挥发组分的含量进一步提高。这样，可以利用一连串的重复蒸馏，最后能得到接近纯组分的两种液体。

应用这样反复多次的简单蒸馏，虽然可以得到接近纯组分的两种液体，但是这样的操作耗费时间，而且重复多次蒸馏操作中的损失又很大，所以通常用分馏来进行分离。

利用分馏柱来实现多次蒸馏，实际上就是一次操作中在分馏柱内使混合物进行反复多次的汽化和冷凝。当上升的蒸汽与下降的冷凝液互相接触时，上升蒸汽部分冷凝放出的热量使下降的冷凝液体部分汽化，两者之间发生了热量交换。其结果是上升蒸汽中易挥发组分增加，而下降的冷凝液体中难挥发组分增加。如果连续进行上述过程，就等于进行了多次的气液平衡，即达到了多次蒸馏的效果。这样，靠近分馏柱顶部易挥发组分的比率高，而在烧瓶里难挥发组分的比率高。当分馏柱的效率足够高时，从分馏柱顶部出来的几乎是纯净的易挥发组分，而留在烧瓶里的则几乎是纯净的难挥发组分。

实验室最常用的分馏柱如图 2-12 所示。球形分馏柱的分离效果较差，而赫氏（Hempel）分馏柱的分离效果最好，韦氏（Vigreux）分馏柱介于两者之间。赫氏分馏柱中的填充物通常为玻璃环，玻璃环可用细玻璃管切割而成，它的长度相当于玻璃管的直径。但若将 300W 电炉丝切割成单圈或用金属丝网绕制成 θ 型（直径 3～4mm）填料装入赫氏分馏柱，可显著提高分馏效率。若欲分离沸点相距很近的液体混合物，必须用精密分馏装置。

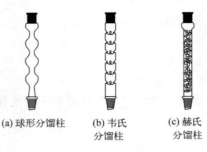

(a) 球形分馏柱 (b) 韦氏分馏柱 (c) 赫氏分馏柱

图 2-12 分馏柱

三、仪器与试剂

1. 仪器

50mL 圆底烧瓶、韦氏分馏柱、蒸馏头、150℃温度计、直形冷凝管、接液管、50mL 锥形瓶、试管等。

2. 试剂

95％乙醇、蒸馏水、沸石、无水乙醇。

四、实验步骤

1. 按图 2-13 所示安装分馏装置[1]。分馏装置的装配原则和蒸馏装置相同。

2. 将 15mL 95％乙醇和 10mL 水倒入圆底烧瓶中，其体积以不超过烧瓶容量的 1/2 为宜，放入几根上端封闭的毛细管或几粒沸石。安装分馏装置，经过检查合格后，可开始加热。

3. 应根据待分馏液体的沸点范围，选用热浴方式，不能在石棉网上用火直接加热。调节电压，使浴温缓慢而均匀地上升。

4. 待液体开始沸腾，蒸汽进入分馏柱时，要注意调节浴温，使蒸汽环缓慢而均匀地沿分馏柱壁上升。若由于室温低或液体沸点较高，为了减少柱内热量散失，可将分馏柱用石棉绳或玻璃布等包裹起来。

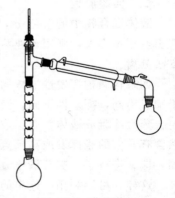

图 2-13 分馏装置

5. 当蒸汽上升到分馏柱顶部，开始有液体馏出时，更应该密切注意调节浴温，控制馏出液的速度为每 2～3 秒一滴。如果分馏速度太快，馏出物纯度将下降；但也不宜太慢，以致上升的蒸汽时断时续，馏出温度有所波动。

6. 分段收集馏分（83℃以下，83～90℃，90℃以上）。实验完毕，称量各段馏分。

7. 绘制工作曲线。用无水乙醇和水配制不同浓度的溶液，分别测定其折射率。以乙醇浓度为横坐标，以相应的折射率为纵坐标，绘制曲线。

8. 分别测定各馏分的折射率，与工作曲线对照，查找出各馏分乙醇的浓度。

五、注释

[1] 微量液体的分馏用微型分馏装置（图 2-14'），在装配及操作时，应该注意勿使分馏头的支管折断。

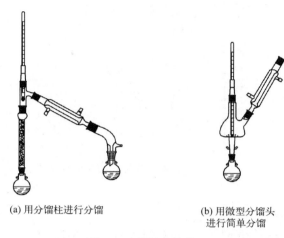

(a) 用分馏柱进行分馏　　　(b) 用微型分馏头
进行简单分馏

图 2-14　微型分馏装置

六、思考题

1. 分馏和蒸馏有何关系？什么时候采用分馏操作？
2. 分馏柱的作用原理是什么？分馏柱的效率由哪些因素决定？
3. 分馏速度太快或太慢会有什么结果？
4. 如果分馏柱安装的不垂直会产生什么影响？

实验八　减压蒸馏

【预习提示】

1. 预习沸点的定义及沸点与压力的关系。
2. 分析高沸点有机物的分离方法。

一、实验目的

1. 了解减压蒸馏的目的和意义。
2. 掌握减压蒸馏的原理和基本操作。
3. 掌握减压蒸馏操作中采取的安全措施。

二、实验原理

有机物的沸点和所处压力有关。压力越高，沸点越高；压力越低，沸点越低。

高沸点的有机化合物，在常压下蒸馏不但操作困难，而且往往发生部分或全部分解。在这种情况下，应该降低体系的压力，从而降低该有机物的沸点，即采用减压蒸馏（vacuum distillation）的方法。一般高沸点有机化合物，当压力降低到 2666Pa（20mmHg）时，其沸点要比常压下的沸点低 100～120℃。可通过图 2-15 所示的沸点-压力的经验计算图近似地推算出高沸点液体有机物在不同压力下的沸点。例如，水杨酸乙酯常压下的沸点为 234℃，现欲查找其在 20mmHg 时的沸点，可在图 2-15 的 B 线上找出相当于 234℃ 的点，将此点与 C 线上对应于 20mmHg 的点连成一条直线，把此线延长与 A 线相交，其交点所示温度就是水杨酸乙酯在 20mmHg 时的沸点，约为 118℃。

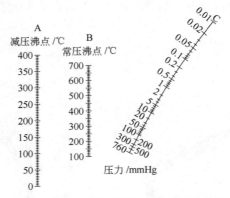

图 2-15　有机液体的沸点-压力经验计算图

三、仪器与试剂

1. 仪器

100mL 圆底烧瓶、克氏蒸馏头、200℃ 温度计、直形冷凝管、接液管、多头接引管、50mL 圆底烧瓶或梨形瓶、一端拉制成毛细管的玻璃管、螺旋夹、循环水多用真空泵或旋片式真空泵、水银压力计、干燥塔、缓冲用的吸滤瓶等。

2. 试剂

乙二醇。

四、实验步骤

1. 安装减压蒸馏装置

减压蒸馏装置通常由蒸馏烧瓶、冷凝管、接收器、水银压力计、干燥塔、缓冲用的吸滤瓶和真空泵等组成[1]。简便的减压蒸馏装置如图 2-16 所示[2,3]。

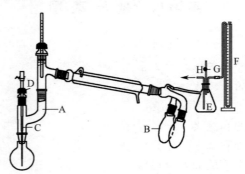

图 2-16　减压蒸馏装置

减压蒸馏时通常用克氏蒸馏烧瓶。它也可以由圆底烧瓶和蒸馏头之间装配二口连接管 A 组成或由圆底烧瓶和克氏蒸馏头组成。它有两个管口：带支管的管口装配插有温度计的螺口接头，而另一管口则装配有毛细管 C 的螺口接头。毛细管的下端调整到离烧瓶底约 1～2mm 处，其上套一段橡皮管，最好在橡皮管中插入一根直径约为 1mm 的金属丝，用螺旋夹 D 夹住，调节系统压力同时调节进入烧瓶的空气量，使液体保持适当程度的沸腾。在减压蒸馏时，空气由毛细管进入烧瓶，冒出小气泡，成为液体沸腾的汽化中心，同时又有一定的搅拌作用，这样可以防止液体暴沸[4]，使沸腾保持平稳，这对减压蒸馏非常重要。

减压蒸馏装置中的接收器 B 通常用耐压的蒸馏烧瓶或带磨口的厚壁试管等，但不要用锥形瓶作接收器。蒸馏时，若要收集不同的馏分而又不中断蒸馏，则可用多头接引管（图 2-17）；多头接引管的上部有一个支管，仪器装置由此支管抽真空。多头接引管与冷凝管的连接磨口要涂有少许甘油或凡士林，以便转动多头接引管，使不同的馏分流入指定的接收器中。接收器（或带有支管的接引管）用耐压的厚橡

图 2-17　多头接引管

胶管与作为缓冲用的吸滤瓶 E 连接起来。吸滤瓶的瓶口上装有一个三孔橡皮塞，一孔连接水银压力计 F，一孔连接二通旋塞 G，另一孔插导管 H。导管的下端应接近瓶底，上端与真空泵相连接。

真空泵可用水泵、循环水泵或油泵。水泵和循环水泵所能达到的最低压力为当时水温下的水蒸气压。若水温为 18℃，则水蒸气压为 2kPa（15mmHg），适用于普通的减压蒸馏。使用油泵要注意油泵的防护保养，不使有机物、水、酸等的蒸汽进入泵内。易挥发有机物的蒸汽可被泵内的油吸收，把油污染，这会严重地降低泵的效率；水蒸气凝结在泵里，会使油乳化，也会降低泵的效率；酸会腐蚀泵。为了保护油泵，应该在泵前面加装净化塔（图 2-18），里面分别放粒状氢氧化钠（或氢氧化钾）、活性炭（或分子筛）、氯化钙、固体石蜡等以除去酸气、水蒸气和有机物蒸汽[5]。用油泵进行减压蒸馏时，在油泵和接收器之间，应顺次装上冷阱、水银压力计、净化塔和缓冲瓶。缓冲瓶的作用是使仪器装置内的压力不发生太突然的变化并防止油泵的倒吸。冷阱可放在广口保温瓶内，用冰-盐、干冰-乙醇或液氮冷却剂冷却。

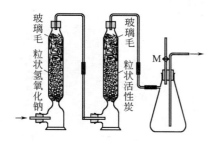

图 2-18　真空泵前吸收酸气、水蒸气和有
机物蒸汽的净化塔

图 2-19　U 形管水银压力计

减压蒸馏装置内的压力，可用水银压力计来测定。一般用如图 2-19 中所示的一端封闭的 U 形管水银压力计，管后木座上装有可滑动的刻度标尺。测定压力时，通常把滑动标尺的零点调整到 U 形管右臂的水银柱顶端线上，根据左臂的水银柱顶端线所指示的刻度，可以直接读出装置内的压力。

2. 减压蒸馏操作

仪器装置完毕，在开始蒸馏以前，必须先检查装置的气密性，以及装置能减压到何种程度。在圆底烧瓶中放入约占其容量 1/3～1/2 的被蒸馏物。先用螺旋夹 D 把套在毛细管 C 上的橡皮管完全夹紧，打开旋塞 M（或旋塞 G），然后开动减压泵。逐渐关闭旋塞 M，从水银压力计观察仪器装置所能达到的减压程度。

经过检查，如果仪器装置完全合乎要求，可以开始蒸馏。必须是先减压再加热；如先加热再减压，有暴沸的危险。加热蒸馏前，尚需调节螺旋夹 D 和旋塞 M，使毛细管 C

中有适量的气泡冒出，同时使仪器达到所需要的压力。如果压力低于所需要的压力，可以小心地旋转旋塞 M，慢慢地引入空气，把压力调整到所需要的压力。如果达不到所需要的压力，可从有机液体的沸点-压力经验计算图（图 2-15）查出在该压力下液体的沸点，据此进行蒸馏。用油浴加热，烧瓶的球形部分浸入油浴中部分应占其体积的 2/3。但注意不要使瓶底和浴底接触。逐渐升温。油浴温度一般要比被蒸馏液体的沸点高出 20℃左右。调节油浴温度，使馏出液流出的速度每秒钟不超过一滴。在蒸馏过程中，应注意水银压力计的读数，记录下时间、压力、液体沸点、油浴温度和馏出液流出的速度和蒸馏出的液体量等数据。

蒸馏完毕时，停止加热，撤去油浴，慢慢旋开螺旋夹 D 和旋塞 M，使仪器装置与大气相通（注意：这一操作须特别小心，一定要慢慢地旋开旋塞，使压力计中的水银柱慢慢地恢复到原状，如果引入空气太快，水银柱会很快地上升有冲破 U 形管压力计的可能）。然后关闭油泵，拆卸仪器。

五、注释

［1］减压蒸馏时不可使用有裂缝或壁薄的玻璃仪器，也不可使用不耐压的平底烧瓶。

［2］若蒸馏少量液体，可以把冷凝管省掉，而采用如图 2-20 所示的装置。克氏蒸馏头的支管通过接引管连接到圆底烧瓶上（作为接收器）。液体沸点在减压下低于 140～150℃时，可使水流到接收器上面，进行冷却，冷却水经过下面的漏斗，由橡皮管引入水槽。

［3］若蒸馏微量液体，可用微型减压蒸馏装置（图 2-21）。用冷凝指替代冷凝管，毛细管从侧口插入蒸馏烧瓶［图 2-21（a）］，电磁搅拌代替毛细管［图 2-21（b）］操作更为方便。温度计与温度计套管的连接要牢固，最好在橡皮管外用金属丝扎紧，防止抽真空时温度计脱落。如果只是蒸出溶剂而不测馏出温度，则可不安装温度计。

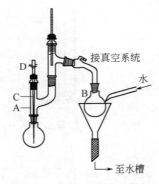

图 2-20　微量减压蒸馏装置

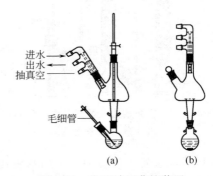

图 2-21　微型减压蒸馏装置

［4］圆底烧瓶内放入搅拌磁子配合磁力搅拌器使用，也可防止液体暴沸。

［5］采用水泵减压蒸馏时，可省去净化塔，保留缓冲瓶即可。

六、思考题

1. 减压蒸馏装置由哪几部分组成？各部分的作用是什么？
2. 减压蒸馏时用什么方法防止暴沸？加沸石能否防止暴沸？
3. 如何检查减压蒸馏装置的气密性？如果气密性不好应采取什么措施？
4. 减压蒸馏时如果先加热再减压会有什么结果？
5. 减压蒸馏时如何防止倒吸？如何停止减压蒸馏操作？

实验九　水蒸气蒸馏

【预习提示】

预习液体混合物的沸点。

一、实验目的

1. 了解水蒸气蒸馏的目的和意义。

2. 掌握水蒸气蒸馏的原理和基本操作。

3. 了解水蒸气蒸馏的适用范围。

二、实验原理

水蒸气蒸馏（steam distillation）是将水蒸气通入不溶或难溶于水但有一定挥发性的有机物（近 100℃时其蒸气压至少为 1333.2Pa）中，使该有机物在低于 100℃的温度下，随着水蒸气一起蒸馏出来[1]。

两种互不相溶的液体混合物的蒸气压等于两液体单独存在时的蒸气压之和。当液体混合物的蒸气压等于大气压力时，混合物就开始沸腾。互不相溶的液体混合物的沸点，要比每一种有机物单独存在时的沸点低。因此，在不溶于水的有机物中，通入水蒸气进行水蒸气蒸馏时，可以在比有机物的沸点低得多且低于 100℃的温度下，将该有机物蒸馏出来。

在馏出物中，随水蒸气一起蒸馏出的有机物同水的质量（m_A 和 $m_水$）之比，等于两者的分压（p_A 和 $p_水$）分别和两者的分子量（m_A 和 18）的乘积之比，所以馏出液中有机物和水的质量比可按下式计算：

$$\frac{m_A}{m_水} = \frac{M_A \times p_A}{18 \times p_水}$$

例如，苯胺和水混合物用水蒸气蒸馏时，苯胺的沸点是 184.4℃，苯胺和水的混合物的沸点是 98.4℃。在这个温度下，苯胺的蒸气压是 5599.5Pa，水的蒸气压是 95725.5Pa，两者相加等于 101325Pa。苯胺的分子量为 93，所以馏出液中苯胺与水的质量比为：

$$\frac{m_{苯胺}}{m_水} = \frac{93 \times 5599.5}{18 \times 95725.5} = \frac{1}{3.3}$$

由于苯胺略溶于水，这个计算所得的仅是近似值。也就是说每蒸馏出 1 份苯胺需要消耗 3 份水。如果某有机物与水一起沸腾时的蒸气压很小，虽然也可用水蒸气将它蒸馏出来，但每蒸馏出 1 份有机物需要消耗太多的水，导致蒸馏效率过低，没有实用价值。这就是要求可被水蒸气蒸馏的有机物在近 100℃时其蒸气压要大于 1333.2Pa 的原因。

三、仪器与试剂

1. 仪器

水蒸气发生器、250mL 三颈烧瓶、直形冷凝管、接液管、多头接引管、接收器等。

2. 试剂

苯胺。

四、实验步骤

1. 安装水蒸气蒸馏装置

水蒸气蒸馏装置如图 2-22 所示，主要由水蒸气发生器 A、三颈或二颈圆底烧瓶 D 和长的直形冷凝管 F 组成。若在圆底烧瓶内进行，可在圆底烧瓶上装配蒸馏头（或克氏蒸馏头）代替三颈烧瓶 [图 2-22(b)]。水蒸气发生器 A 通常可用二颈或三颈烧瓶代替。器内盛水约占其容量的 1/2，可从其侧面的玻璃水位管察看器内的水平面。长玻璃管 B 为安全管，管的下端接近器底，根据管中水柱的高低，可以估计水蒸气压力的大小。圆底烧瓶 D 应当用铁夹夹紧，其中口通过螺口接头插入水蒸气导管 C，其侧口插入馏出液导管 E。导管 C 内径一般不小于 7mm，以保证水蒸气畅通，其末端应接近烧瓶底部，以便水蒸气和被蒸馏物充分接触并起搅拌作用。导管 E 应略粗一些，其外径约为 10mm，以便蒸汽能畅通地进入冷凝管中。若导管 E 的直径太小，蒸汽的导出将会受到一定的阻碍，这会增加烧瓶 D 中的压力。导管 E 在弯曲处前的一段应尽可能短一些；在弯曲处后一段允许稍长一些，因为它可起部分冷凝作用。用长的直形冷凝管 F 可以使馏出物充分冷却。由于水的蒸发潜热较大，所以冷却水的流速也宜稍大些。水蒸气发生器 A 的支管和水蒸气导管 C 之间用一个 T 形管相连接。在 T 形管的支管上套一段橡皮管，用螺旋夹旋紧，用于排除导管中冷凝下来的水。在操作中，如果发生不正常现象，立刻打开夹子使与大气相通。

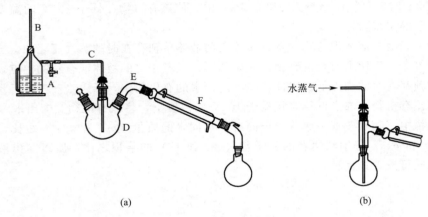

(a)   (b)

图 2-22　水蒸气蒸馏装置

2. 水蒸气蒸馏操作

把要蒸馏的液体苯胺倒入烧瓶 D 中，其量约为烧瓶容量的 1/3。操作前，水蒸气蒸馏装置应经过检查，必须严密不漏气。开始蒸馏时，先把 T 形管上的夹子打开，把水蒸气发生器里的水加热到沸腾。当有水蒸气从 T 形管的支管冲出时，再旋紧夹子，让水蒸气通入烧瓶 D 中[2]，这时可以看到瓶中的混合物翻腾不息，不久在冷凝管中就出现有机物和水的混合物。调节火焰，使瓶内的混合物不致飞溅得太厉害，并控制馏出液速度约为每秒 2～3 滴。在操作时，要随时注意安全管中的水柱是否发生不正常的上升现象，以及烧瓶中的液体是否发生倒吸现象。一旦发生这种现象，应立刻打开夹子，移去火焰，找出发生故障的原因。必须把故障排除后，方可继续蒸馏。

当馏出液澄清透明不再含有有机物的油滴时，可停止蒸馏。这时应首先打开夹子，然后移去火焰。

五、注释

[1] 水蒸气蒸馏是分离和提纯有机化合物的重要方法之一，常用于下列 3 种情况：

（1）混合物中含有大量的固体，通常的蒸馏、过滤、萃取等方法都不适用；

（2）混合物中含有焦油状物质，采用通常的蒸馏、萃取等方法非常困难；

（3）在常压下蒸馏会发生分解的高沸点有机物。

[2] 为了使水蒸气不致在烧瓶 D 内过多地冷凝，在蒸馏时通常也可用小火将烧瓶 D 加热。

六、思考题

1. 能用于水蒸气蒸馏的有机物需要具备哪两个必要条件？如果某有机物溶于水或在接近 100℃ 时蒸气压太小还能用水蒸气蒸馏来分离吗？

2. 在进行水蒸气蒸馏操作时，如何防止导管堵塞和倒吸？

3. 在进行水蒸气蒸馏操作时，如何判断有机物被完全蒸馏出来？

第三节　固体化合物的分离与提纯

实验十　过　　滤

【预习提示】

预习常用的过滤装置如普通玻璃漏斗、布氏漏斗、砂芯漏斗、热水漏斗等。

一、实验目的

1. 了解过滤的目的和意义。

2. 掌握普通过滤、减压过滤、热过滤等的原理和基本操作。

二、实验原理

过滤（filtration）是分离液、固混合物的常用方法。液、固体系的性质不同，采用不同的过滤方法，有时需要对固体进行洗涤。过滤包括分离液体中的固体杂质和收集固体。

三、仪器与试剂

1. 仪器

普通玻璃漏斗、布氏漏斗、吸滤瓶、砂芯漏斗、热水漏斗、循环水多用真空泵等。

2. 试剂

乙酸乙酯和无水硫酸镁或钠、粗苯甲酸或乙酰苯胺的热水溶液。

四、实验步骤

1. 普通过滤

普通过滤通常用 60° 角的圆锥形玻璃漏斗。放进漏斗的滤纸，其边缘应该比漏斗的边缘略低。先把滤纸润湿，然后过滤。倾入漏斗内的液体，其液面应比滤纸边缘低 1cm。过滤有机液体中的大颗粒干燥剂时，可在漏斗颈部的上口轻轻地放少量疏松的脱脂棉或玻璃毛，以代替滤纸。如果过滤的沉淀物颗粒细小或具有黏性，应该首先使溶液静置，然后过滤上层的澄清部分，最后把沉淀移到滤纸上[1]，这样可以使过滤速度加快。

2. 减压过滤（又叫抽滤）

减压过滤[2]　通常使用瓷质的布氏漏斗，漏斗配以橡皮塞，装在吸滤瓶上。在成套供应的玻璃仪器中，漏斗与吸滤瓶间是靠磨口连接的（见图 2-23）。注意漏斗下端斜口的位置，吸滤瓶的支管用橡皮管与抽气装置连接。若用水泵减压，吸滤瓶与水泵之间宜连接一个缓冲瓶（配有二通旋塞的吸滤瓶，调节旋塞，可以防止水的倒吸）；使用移动式或手提式循环水多用真空泵最为方便。最好不要用油泵；若用油泵，吸滤瓶与油泵之间应连接吸收水汽的干燥装置和缓冲瓶。滤纸应剪成比漏斗的内径略小，但能完全盖住所有的小孔。不要让滤纸的边缘翘起，以保证抽滤时密封。

微量有机物的减压过滤是用带玻璃钉的小漏斗组成的过滤装置（见图 2-24）。

过滤时，应先用溶剂把平铺在漏斗上的滤纸润湿，然后开动泵，使滤纸紧贴在漏斗底

图 2-23　布氏漏斗和吸滤瓶

图 2-24　抽滤装置

面。小心地把要过滤的混合物倒入漏斗中，为了加快过滤速度，可先倒入清液，后使固体均匀地分布在整个滤纸面上，一直抽气到几乎没有液体滤出时为止。为了尽量把液体除净，可用玻璃瓶塞压挤滤饼。结束时，要先拔掉抽气导管，切不可先关闭抽气泵，否则容易引起倒吸。

在漏斗上洗涤滤饼的方法：把滤饼尽量地抽干、压实、压平，拔掉抽气的橡皮管，使恢复常压，把少量溶剂均匀地洒在滤饼上，使溶剂恰能盖住滤饼。静置片刻，使溶剂渗透滤饼，待有滤液从漏斗下端滴下时，重新抽气，再把滤饼尽量抽干、压实。这样反复几次，就可把滤饼洗净。

3. 加热过滤

用锥形的玻璃漏斗过滤热的饱和溶液时，常在漏斗中或其颈部析出晶体，使过滤产生困难。这时可以用热水漏斗来过滤（图 2-25）。为了尽量利用滤纸的有效面积以加快过滤速度，过滤热的饱和溶液时，常把滤纸折叠成菊花形，其折叠方法如图 2-26 所示：先把滤纸折成半圆形，再对折成圆形的四分之一，展开如图中（a）；再以 1 对 4 折出 5，3 对 4 折出 6，1 对 6 折出 7，3 对 5 折出 8，如图中（b）；以 3 对 6 折出 9，1 对 5 折出 10，如图中（c）；然后在 1 和 10，10 和 5，5 和 7…9 和 3 间各反向折叠，如图中（d）；把滤纸打开，在 1 和 3 的地方各向内折叠一个小叠面，最后做成如图中（e）的折叠滤纸。每次折叠时，在折纹集中点处切勿对折纹重压，否则在过滤时滤纸的中央易破裂。使用前宜将折好的折叠滤纸翻转并整理后放入漏斗中。

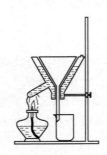

图 2-25　热水漏斗

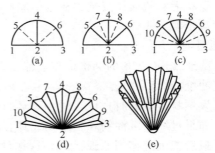

图 2-26　菊花形滤纸

过滤前要把热水漏斗加热。过滤时，把热的饱和溶液分批地倒入漏斗中，漏斗中的液体不宜太多，坚持少量多次的原则，以避免析出晶体，堵塞漏斗。未倒入热水漏斗中的液体继续加热。

也可以用布氏漏斗趁热进行减压过滤。为了避免漏斗破裂和在漏斗中析出晶体，最好先用热水浴或水蒸气浴或在电烘箱中把漏斗预热，然后再用来进行减压过滤。

4. 离心过滤

离心过滤适用于少量、微量有机物的过滤。把盛混合物的离心试管放入离心机中进行离心沉淀，固体沉降到离心试管底部，用滴管小心地吸去上层清液，滴管最好用那种尖端有过滤棉层的滴管。

5. 过滤滴管过滤

这种方法适用于微量液固分离，其方法是用滴管把液固混合物转移到中部有过滤棉的滴管中，然后滤液流到干净的小试管中，使固液得以分离。还可以用手捏着滴管的橡皮帽，加速过滤。用过滤滴管过滤也适用于热过滤，必要时还可以用电吹风加热过滤滴管。

6. 助滤剂

被过滤的固体颗粒非常小，如高锰酸钾还原成二氧化锰后，不论使用哪种方法过滤都非常困难，很快就把滤纸、滤布的微孔堵塞，这时可以使用颗粒大得多的多孔性物质如硅藻土作助滤剂，把助滤剂铺在纸上面或直接放到玻璃钉上面形成一薄层，再进行过滤。使用助滤剂时，固体滤渣一般是废弃物。

五、注释

[1] 过滤强酸性或强碱性溶液时，应在布氏漏斗上铺上玻璃布或涤纶布、氯纶布来代替滤纸。

[2] 减压过滤的优点是过滤和洗涤的速度快，液体和固体分离得较为完全，滤出的固体容易干燥。

六、思考题

1. 减压过滤时如何防止倒吸？

2. 热过滤时如何防止固体在滤纸上或漏斗的玻璃管中析出？

3. 热过滤的漏斗宜选用长颈漏斗还是短颈漏斗？

实验十一　重　结　晶

【预习提示】

1. 预习不饱和、饱和及过饱和溶液的概念。

2. 预习溶解度和温度的关系。

一、实验目的

1. 了解重结晶的目的和意义。

2. 掌握重结晶的原理和基本操作。

二、实验原理

从有机化学反应中制得的或从天然产物中提取的固体物常含有少量的杂质。除去这些杂质的最有效方法之一就是用适量的溶剂来进行重结晶（recrystallization）。重结晶的一般过程是使待重结晶有机物在较高的温度（接近溶剂沸点）下溶于合适的溶剂里，形成准饱和或饱和热溶液；趁热过滤以除去不溶物和有色的杂质（加活性炭煮沸脱色）；将滤液冷却，晶体从过饱和溶液里析出，而可溶性杂质仍留在溶液里；进行过滤，把晶体从母液中分离出来；洗涤晶体以除去吸附在晶体表面上的母液。

在进行重结晶时，溶剂的选择至关重要。所选溶剂必须符合下列条件：

（1）不与被重结晶的有机物发生化学反应；

（2）在高温时，被提纯的有机物在溶剂中的溶解度较大，而在低温时则很小；

（3）杂质在所选溶剂中的溶解度很小（被提纯物溶解在溶剂里时，可借助过滤除去杂质）或是很大（被提纯物析出时，杂质仍留在母液中）；

（4）容易和被重结晶的有机物分离；

（5）适当考虑溶剂的毒性、易燃性、价格和溶剂回收等因素。

常用的溶剂及沸点如表 2-6 所示。

表 2-6 常用的溶剂及沸点

溶剂	沸点/℃	溶剂	沸点/℃	溶剂	沸点/℃
水	100	乙酸乙酯	77	氯仿	61.2
甲醇	65	冰醋酸	118	四氯化碳	76.5
乙醇	78	二硫化碳	46.5	苯	80
甲基叔丁基醚	54	丙酮	56	粗汽油	90～150

为了选择合适的溶剂，除需要查阅化学手册外，有时还需要采用实验的方法。其方法是：取几个小试管，各放入约 0.2g 待重结晶有机物，分别加入 0.5～1mL 不同种类的溶剂，加热到完全溶解，冷却后，能析出最多量晶体的溶剂，一般认为是最合适的。如果固体物在 3mL 热溶剂中仍不能全溶，可认为该溶剂不适用于重结晶。如果固体在热溶剂中能溶解，而冷却后无晶体析出，这时可用玻璃棒在液面下的试管内壁上摩擦，可以促使晶体析出，若还得不到晶体，说明此固体在该溶剂中的溶解度很大，这样的溶剂不适用于重结晶。如果某有机物易溶于某一溶剂而难溶于另一种溶剂，且两溶剂能互溶，那么就可以用两者配成的混合溶剂来进行试验。常用的混合溶剂有乙醇与水、甲醇与甲基叔丁基醚、苯与甲基叔丁基醚等。类似地，也可将某有机物溶于一种溶解较好的溶剂中，然后在溶液上方小心地加盖一层对这一有机物溶解较差的溶剂，而这两种溶剂又互溶，这样通过溶剂的逐渐扩散，逐渐降低该有机物的溶解度，实现重结晶。

三、仪器与试剂

1. 仪器

热水漏斗、250mL 锥形瓶、250mL 烧杯、布氏漏斗、吸滤瓶、循环水多用真空泵等。

2. 试剂

乙酰苯胺或苯甲酸与沙子的混合物[1]。

四、实验步骤

1. 加热溶解

通常在锥形瓶中进行热溶解。使用易挥发或易燃的溶剂时，为了避免溶剂的挥发和发生着火事故，把待重结晶的有机物放入具磨口的锥形瓶中，锥形瓶上装回流冷凝管，通入冷凝水，溶剂可由冷凝管上口加入。先加入少量溶剂，加热到沸腾，然后逐渐添加溶剂，直到固体全部溶解为止。但应注意，不要因为重结晶的物质中含有不溶解的杂质而加入过量的溶剂。除高沸点溶剂外，一般在水浴上加热。加入可燃性溶剂时，要先离开热源，防止发生着火事故。待有机物全部溶解后适当多加一点溶剂，防止热过滤时固体在滤纸上析出。

2. 热过滤

所得到的热饱和溶液，如果含有不溶的杂质，应趁热把这些杂质过滤除去。溶液中存在的有色杂质，一般可以用活性炭脱色[2]。活性炭的用量，以能完全除去颜色为宜。为避免加入过量的活性炭，应分成小量，逐次加入。应在溶液的沸点以下加入活性炭，同时要不断搅拌，以免发生暴沸。每加一次后，都须再把溶液煮沸片刻。可选用热水漏斗常压热过滤或布氏漏斗减压热过滤。应选用优质滤纸，或用双层滤纸，以免活性炭透过滤纸进入滤液中。过滤时，可用表面皿覆盖漏斗（凸面向下），以减少溶剂的挥发。向漏斗中倒入热溶液时要坚持少量多次的原则，同时保持两个沸腾，即热水漏斗和锥形瓶的中液体要分别持续小火加热沸腾。热过滤结束后，如果滤纸上有少量有机固体，这时用最少量的沸腾溶剂将其溶解。滤液收集到烧杯或锥形瓶中。

3. 冷却结晶

静置等待结晶时，必须使过滤的热溶液慢慢冷却，这样所得晶体比较纯净。一般来讲，溶液浓度较大、冷却较快时，析出的晶体较细，所得的晶体也不够纯净。热的滤液在碰到冷的吸滤瓶壁时，往往很快析出晶体，但其纯度不好，常需把滤液重新加热使晶体完全溶解，再让它慢慢冷却下来。有时晶体不易析出，则可用玻璃棒摩擦器壁或投入晶种（同一物质的晶体），可促使晶体较快地析出；为了使晶体更完全地从母液中分离出来，最后可用冰水浴将盛溶液的容器冷却。

4. 减压过滤

晶体全部析出后，用布氏漏斗在减压下将晶体滤出。对烧杯或锥形瓶壁上黏附的固体，可用母液冲洗后再过滤。减压至无液体滴下时，用少量冷的纯溶剂洗涤固体、抽干。

5. 选择合适的温度烘干固体，称重。

6. 用乙酰苯胺或苯甲酸与沙子的混合物，按实验步骤1~5操作。

在重结晶操作中，一般需要用相当量的溶剂。用有机液体作溶剂时，应考虑溶剂的回收，把使用过的溶剂倒入指定的溶剂回收瓶里。

五、注释

[1] 苯甲酸在水中的溶解度：18℃为0.27g；100℃为5.9g。乙酰苯胺在水中的溶解度：25℃为0.56g；100℃为5.2g。

[2] 水溶液中或极性有机溶剂中常使用活性炭脱色。当使用太多活性炭时，也会吸附样品，造成损失。活性炭不能加到沸腾的溶液中，易引起暴沸。用非极性溶剂时可用氧化铝脱色。

六、思考题

1. 重结晶的基本原理、主要步骤及各步的主要目的是什么？

2. 重结晶中如何选择溶剂？

3. 样品溶液为什么要趁热过滤？热过滤时溶剂的大量挥发对重结晶有什么影响？热过滤的漏斗是用短颈的还是用长颈的？为什么？

4. 热滤液迅速冷却会有什么结果？

实验十二　升　　华

【预习提示】

1. 预习固体升华的概念；查阅资料，寻找具有升华特性的有机物。

2. 思考为什么樟脑可用作杀虫剂？

一、实验目的

1. 了解升华的目的和意义。

2. 掌握升华的原理和基本操作。

二、实验原理

当固体有机物具有较高的蒸气压时[1]，往往不经过熔融状态就直接变成蒸气（称为升华），蒸气遇冷，再直接变成固体（称为凝华），利用这种过程可以提纯固体有机物。习惯上把这种分离化合物的过程称为升华（sublimation）。

容易升华的有机物含有不挥发性杂质时，可以用升华方法进行精制。用这种方法制得的物质，纯度较高，但损失较大。

升华前，必须把待升华的物质干燥。

三、仪器与试剂

1. 仪器

蒸发皿、漏斗、减压升华装置等。

2. 试剂

樟脑、碘等。

四、实验步骤

1. 常压升华装置

常压升华装置由蒸发皿、漏斗等组成，装置如图 2-27 所示。

把待精制的有机物放入蒸发皿中。用一张穿有若干小孔的圆形滤纸把锥形漏斗的口包起来，把此漏斗倒盖在蒸发皿上，漏斗颈部塞一团脱脂棉，如图 2-27(a)所示。

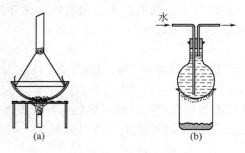

图 2-27　常压升华装置

在沙浴上或石棉铁丝网上将蒸发皿加热，逐渐升高温度，使待精制的有机物汽化，蒸汽通过滤纸孔，遇到冷的漏斗内壁，又凝结为晶体，附在漏斗的内壁和滤纸上。穿小孔的滤纸可防止升华后形成的晶体落回到下面的蒸发皿中。

较大量的有机物升华，可在烧杯中进行。烧杯上放置一个通冷水的烧瓶，使蒸汽在烧瓶底部凝结成晶体并附着在瓶底［图 2-27(b)］。

取 1～2g 粗樟脑固体，研细，放入蒸发皿内，按图 2-27(a)装置装好，用小火隔石棉网缓慢加热（温度保持在 179℃以下），达到一定温度开始升华，待全部升华完毕，将升华后的樟脑收集，称量、计算产率。

2. 减压升化装置

减压下的升华可用图 2-28 所示的装置进行，主要由吸滤管、指形冷凝管和减压泵组成，用于少量物质的升华。

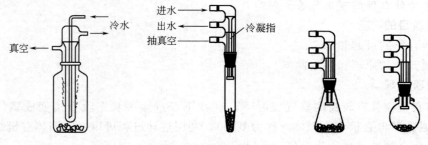

图 2-28　减压升华装置

将欲升华的物质放在吸滤管内，加装指形冷凝管，内通冷凝水。吸滤管置于油浴或水浴中加热，利用循环水多用真空泵或油泵减压，使有机物升华。升华有机物的蒸汽凝结在指形冷凝管底部，达到纯化的目的。

五、注释

[1] 常见固体化合物在其熔点时的蒸气压见表 2-7。

表 2-7　固体化合物在其熔点时的蒸气压

化合物	固体在其熔点时的蒸气压/Pa	熔点/℃
樟脑	49329.3	179
碘	11999	114
萘	933.3	80
苯甲酸	800	122
对硝基苯甲醛	1.2	106

六、思考题

1. 升华有哪些优点和缺点？利用升华提纯固体有机物应具备什么条件？
2. 升华操作中，为什么要尽可能使加热温度保持在被升华物质的熔点以下？

实验十三　液-液萃取

【预习提示】

1. 预习有机化合物溶解度的定义。
2. 思考影响有机化合物溶解度的因素。

一、实验目的

1. 了解液-液萃取的原理。
2. 掌握液-液萃取的操作技术。

二、实验原理

液-液萃取是从液态混合物（包括固体有机物溶于液态有机溶剂）中分离有机物的常用方法。液-液萃取是利用有机物在两种不互溶（难溶或微溶）溶剂中的溶解度不同，从而实现有机物的分离。

选择合适的萃取剂是提高液-液萃取效率的有效方法。在液-液萃取中经常使用的有机溶剂有：乙醚、苯、四氯化碳、氯仿、石油醚、二氯甲烷、正丁醇和乙酸乙酯等。一般难溶于水的有机物用石油醚、二氯甲烷、四氯化碳等萃取；较易溶于水的有机物用乙醚或苯萃取；易溶于水的有机物用乙酸乙酯等溶剂萃取[1]。此外，萃取剂用量一定时，分多次萃取的效率比一次性萃取的效率高，但一般萃取次数以 3 次为宜。

三、仪器与试剂

1. 仪器

分液漏斗、锥形瓶、移液管、碱式滴定管等。

2. 试剂

冰醋酸和水的混合液（体积比 1∶19）、乙醚、0.2mol·L^{-1}氢氧化钠标准溶液、酚酞指示剂。

四、实验步骤

1. 分液漏斗的使用

通常用分液漏斗来进行液-液萃取。分液漏斗使用前必须检查盖子和旋塞是否严密，以防分液漏斗在使用过程中发生泄漏而造成损失。检查的方法通常是在分液漏斗中加入水，如果有漏水现象，应采取如下方式处理：取下旋塞，用干布擦净旋塞及旋塞孔的内壁，先在旋塞近把手一端抹少许凡士林（切忌抹到旋塞的孔中），然后再在分液漏斗旋塞插孔的窄口内壁抹一圈凡士林，插上旋塞，反时针旋转至凡士林透明，即可第二次用水检测。确认不漏时，将分液漏斗放在固定于铁架台上的铁圈中，关好旋塞。

将液体混合物与萃取剂从分液漏斗上口倒入，盖好盖子，振荡漏斗，使两液层充分接触（见图 2-29）。振荡时，先把分液漏斗倾斜，使上口略朝下，右手握住漏斗上口颈部，并用食指根部压紧盖子，以免脱落，左手握住旋塞，此方式既能防止振荡时旋塞转动或脱落，又便于灵活地旋开旋塞。小心地逆时针旋转振荡，然后将漏斗尾部向上倾斜，旋开旋塞排气，使内外压平衡，从而防止液体从漏斗中冲出造成损失。若在漏斗中盛有易挥发的溶剂，如乙醚、苯、二氯甲烷等，或者在漏斗中用碳酸钠溶液中和酸液[2]，振荡后，更应及时打开旋塞放气。

振荡几次后，将分液漏斗置于铁架台的铁环上静置，使两液分层。若有些溶液经剧烈振荡会形成乳浊液，则应避免剧烈振荡。如已形成乳浊液，且一时又不能分层，则可向乳浊液中加入食盐，使溶液饱和以降低乳浊液的稳定性，促使液层尽快分开，长时间静置也可达到乳浊液的分层，然后分离。

分离液层时，先打开分液漏斗上口的盖子，使内外压平衡，再打开旋塞将下层液体从下口缓慢放出至接收瓶。上层液体应从分液漏斗的上口倒出（如上层液也经下口旋塞方向放出，则漏斗下面颈部所附着的下层残液会污染上层液体）。

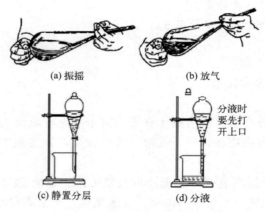

图 2-29　分液漏斗的使用方法

2. 从醋酸水溶液中萃取醋酸

（1）用移液管准确移取 10mL 冰醋酸与水的混合液，放入分液漏斗中，然后加入 20mL 乙醚，振荡混合物，萃取醋酸。使液体分层，放出下层水层于 50mL 锥形瓶内，加入 2～3 滴酚酞指示剂，用 0.2mol·L^{-1}氢氧化钠标准溶液滴定，记录到达终点时碱的用量。将乙醚倒回指定回收瓶中。

（2）用移液管另取 10mL 冰醋酸与水的混合液于分液漏斗中，先用 10mL 乙醚萃取一次，分出乙醚层。水层再用 10mL 乙醚萃取，分出乙醚层。将两次萃取后的水层倒入 50mL 锥形瓶中，加入 2～3 滴酚酞指示剂，用 0.2mol·L^{-1}氢氧化钠标准溶液滴定。记录到达终点时碱的用量。将两次萃取使用过的乙醚倒回指定回收瓶中。

（3）计算

① 20mL 乙醚一次性萃取的收率。

② 20mL 乙醚分两次萃取的收率。

③ 比较一次性萃取和分两次萃取的效率高低。

五、注释

［1］液-液萃取中使用的有机溶剂有许多是易燃的，故在实验室中可少量操作，而工业生产中不宜使用。

［2］分液漏斗若与碱或碱式碳酸盐接触后，必须洗净漏斗，否则长时间不用，碱与玻璃发生反应，会造成漏斗的盖子（旋塞）粘连。

六、思考题

1. 影响萃取效率的因素有哪些？怎样选择合适的溶剂？

2. 用分液漏斗进行萃取操作时，为什么要振荡混合液？使用分液漏斗时有哪些注意事项？

3. 采用乙醚作为萃取剂，有哪些优缺点？使用乙醚时应注意什么？

第四节　色谱分离法

色谱分离法（chromatography）又称层析法，是分离、提纯和鉴定有机化合物的重要方法之一。早期色谱分离仅用于带颜色的有机化合物的分离，由于显色方法的引入，现已广泛应用于有色和无色有机化合物的分离和鉴定。

依据分离原理，色谱分离分为吸附色谱、分配色谱、离子交换色谱和空间排阻色谱等；根据操作条件，色谱分离又可分为柱色谱、薄层色谱、纸色谱、气相色谱和液相色谱等。

色谱法的分离效果比蒸馏、分馏、重结晶等方法好，而且适用于少量或微量有机物的分离。

实验十四　柱色谱——荧光黄和碱性湖蓝 BB 的分离

【预习提示】

1. 预习柱色谱的基本原理。

2. 预习柱色谱的基本操作。

一、实验目的

1. 了解柱色谱的基本原理。

2. 掌握柱色谱的基本操作。

二、实验原理

柱色谱法（column chromatography）又称柱上层析法，简称柱层析，它是提纯少量有机化合物的有效方法。常见的柱色谱为吸附色谱。吸附色谱是利用吸附剂表面对不同结构有机物的吸附能力不同实现对混合有机物的分离。吸附色谱常用活化的多孔或粉状固体吸附剂（固定相），如 Al_2O_3、硅胶等作吸附剂，吸附柱色谱装置见图 2-30。吸附剂装填于垂直放置的玻璃管中，被分离的样品加到色谱柱（吸附剂）的顶端，洗脱剂由柱顶加入。当洗脱剂

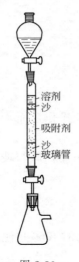

图 2-30
吸附柱色谱装置

由于重力作用沿吸附柱向下移动时，样品中各组分在固定相上发生反复的吸附—解吸—再吸附—再解吸的过程。由于吸附剂对各组分的吸附能力不同，各组分随洗脱剂向下移动的速度不同。吸附弱的组分移动得快，最先从柱底流出；吸附强的组分移动得慢，最后从柱底流出。

1. 吸附剂

理想的吸附剂应该具备以下条件：

① 能够可逆地吸附待分离的有机化合物；

② 不和被吸附的有机化合物发生化学反应；

③ 粒度大小适中，使展开剂以均匀的流速通过色谱柱。

常用的吸附剂有 Al_2O_3、硅胶等。由于硅胶略带酸性，能与强碱性有机物发生作用，所以只适用于极性较大的酸性和中性化合物的分离。Al_2O_3 分为酸性、中性和碱性三种。酸性 Al_2O_3 是用 1% HCl 浸泡后，用蒸馏水洗至悬浮液 pH 值为 $4\sim4.5$，用于分离酸性有机物；中性 Al_2O_3 pH 值为 7.5，用于分离中性有机物；碱性 Al_2O_3 pH 值约为 10，用于分离胺或其他碱性化合物。

吸附能力与吸附剂颗粒大小有关，颗粒小，比表面积大，吸附能力高，但溶剂流速慢；若颗粒大，流速快，分离效果差。

吸附剂的活性与其含水量有关。含水量越低，活性越高。Al_2O_3 的活性分五级，其含水量分别为 0、3%、6%、10%、15%。将 Al_2O_3 放在高温炉（$350\sim400℃$）烘 3h，得无水 Al_2O_3。加入不同量的水，得不同活性的 Al_2O_3，一般常用 Ⅱ～Ⅲ 级。硅胶也可用上法处理。吸附剂的活性和含水量的关系见表 2-8。

表 2-8　吸附剂的活性和含水量关系

活性	Ⅰ	Ⅱ	Ⅲ	Ⅳ	Ⅴ
Al_2O_3 含水量/%	0	3	6	10	15
硅胶含水量/%	0	5	15	25	38

化合物的吸附能力与分子极性有关。分子极性越强，吸附能力越大。Al_2O_3 对各类化合物的吸附性能按下列次序递减：

酸、碱＞醇、胺、硫醇＞酯、醛、酮＞芳香族化合物＞卤代物、醚＞烯＞饱和烃

吸附剂的用量与待分离样品的性质和吸附剂的极性有关。通常吸附剂用量为样品量的 $30\sim50$ 倍，如样品中各组分性质相似，则用量应加大。

2. 溶剂和洗脱剂

一般把用于溶解样品的液体称为溶剂，而用于分离样品的液体叫作洗脱剂或淋洗液。在选择时可根据样品中各组分的极性、溶解度和吸附剂的活性等来考虑。样品极性大，吸附剂活性强，相应地要选择极性大的洗脱剂。

洗脱剂的极性大小对混合物的分离影响较大。洗脱剂的极性越大，洗脱能力或展开能力越强，化合物移动就越快。但洗脱剂的极性并不是越大越好，洗脱剂的极性要和被分离样品的极性相对应。只有选择合适极性的洗脱剂，才能得到好的分离效果。因此，在尝试选取洗脱剂时应从极性小的开始，以后逐渐增加极性。也可以使用混合溶剂，其极性介于单一溶剂极性之间，并逐步增加极性较大溶剂的比例，以增加洗脱剂的极性和洗脱能力。有时还可以采用梯度淋洗法，即在洗脱过程中，连续改变洗脱剂的组成，逐渐增加洗脱剂的极性和洗脱

能力，以增加分离效果和缩短分离时间。

常用洗脱剂的洗脱能力按下列次序递增：

己烷和石油醚＜环己烷＜四氯化碳＜三氯乙烯＜二硫化碳＜甲苯＜苯＜二氯甲烷＜氯仿＜乙醚＜乙酸乙酯＜丙酮＜正丙醇＜乙醇＜甲醇＜水＜吡啶＜乙酸

本实验以中性氧化铝为吸附剂，以 95％乙醇溶解样品，以 95％乙醇为洗脱剂分离荧光黄和碱性湖蓝 BB 混合溶液。根据各种色素受吸附剂作用强弱不同，在柱中可观察到不同颜色的色谱带。

三、仪器与试剂

1. 仪器

色谱柱（内径 1cm，长 10cm）、50mL 锥形瓶、烧杯、量筒、滴液漏斗等。

2. 试剂

中性氧化铝（100～200 目）、荧光黄、碱性湖蓝 BB、95％乙醇、蒸馏水。

四、实验步骤

1. 装柱

装柱之前，先将空柱洗净并干燥。装柱方法有湿法和干法两种[1]。本实验采用湿法装柱。

取一根长 10cm、内径 1cm 的色谱柱，另取少许脱脂棉放置于干净的色谱柱底部，轻轻塞好，关闭活塞，然后将色谱柱垂直于桌面固定在铁架台上。向柱子中加入洗脱剂 95％乙醇至柱子高度一半时为止，然后通过干燥的玻璃漏斗慢慢加入中性氧化铝（或将 95％乙醇与中性氧化铝先调成糊状，再沿色谱柱内壁缓慢且连续地倒入柱中），待中性氧化铝在柱内沉积高度约为 1cm 时，打开活塞，控制液体下滴速度为 1 滴/秒。继续加入中性氧化铝，必要时再添加一些 95％乙醇，直到中性氧化铝沉积高度达 5cm 时为止，然后在上面盖一片小滤纸片（或一层 0.5cm 厚的石英砂）。

2. 加样

当柱中的洗脱剂液面刚好下降至与滤纸水平时（即与吸附剂表面相切），小心沿柱壁缓慢滴加 2～3 滴荧光黄和碱性湖蓝 BB 混合液[2]，然后用少量 95％乙醇冲洗柱内壁。当柱内液面降至柱顶滤纸面时，即可用洗脱剂进行洗脱。

3. 洗脱

在柱顶装一滴液漏斗，加入 95％乙醇洗脱剂，打开滴液漏斗开关让洗脱剂缓慢滴下，进行洗脱，并用一个锥形瓶在柱下接收。观察色谱带的出现，当有一种染料从色谱柱中被完全洗脱下来后，将洗脱剂改换成蒸馏水继续洗脱，同时更换另一个锥形瓶作接收器。待第二种染料被全部洗脱下来后，即分离完全，停止操作。

五、注释

[1] 无论采用哪种方式装柱，都必须装填均匀，严格排除柱内空气，吸附剂不能有裂缝，否则将影响分离效果。一般来说，湿法比干法装得紧密均匀。

[2] 荧光黄和碱性湖蓝 BB 混合液的配制方法：分别称取 0.4g 荧光黄和碱性湖蓝 BB 于一支烧杯中，加入 200mL 95％乙醇使之溶解即可。染料的颜色：荧光黄为黄绿色染料，碱性湖蓝 BB 为蓝色染料。

六、思考题

1. 实验中中性氧化铝、乙醇和蒸馏水各起什么作用？

2. 若色谱柱填装不均匀，对分离效果有何影响？

3. 为什么极性大的组分要用极性大的溶剂洗脱？

实验十五　纸色谱——混合氨基酸分离

【预习提示】
1. 预习纸色谱的基本原理。
2. 预习纸色谱的基本操作。

一、实验目的
1. 学习纸色谱的基本原理。
2. 掌握纸色谱的基本操作。

二、实验原理

纸色谱法（paper chromatography）又称纸上层析法，属于分配色谱，分离原理是基于样品在固定相（水相）和流动相（有机相）的溶解能力或分配系数不同。纸色谱用滤纸作为载体，滤纸纤维和水有较强的亲和力（纤维素能吸收高达22％的水），而对有机溶剂则较差。纸色谱以吸附在滤纸上的水相为固定相，有机相（被水饱和）为流动相，称为展开剂。在滤纸的一端点上样品，当有机相沿滤纸流动经过样品点时，样品即在滤纸上的水相与有机相间由于溶解度的差异发生连续多次分配，结果在流动相（有机相）中具有较大溶解度的有机物随溶剂移动得较快，而在固定相（水相）中溶解度较大的有机物随溶剂移动得较慢，这样便能把混合物分开。

1. 展开剂

根据待分离有机物的不同，要选用合适的展开剂。展开剂应对被分离的有机物有一定的溶解度。溶解度太大，待分离有机物会随展开剂跑得太快，达不到分离的效果；溶解度太小，则会留在点样点附近，同样分离效果不好。选择展开剂应注意下列几点。

（1）能溶于水的化合物，以吸附在滤纸上的水作为固定相，以与水能混合的有机溶剂（如醇类）作为流动相。

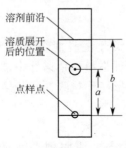

图 2-31　纸色谱展开图

（2）难溶于水的极性化合物，以有机极性溶剂（如甲酰胺、N,N-二甲基甲酰胺等）作为固定相，以不能与固定相结合的非极性溶剂（如环己烷、苯、四氯化碳、氯仿）作为流动相。

（3）难溶于水的非极性化合物，以非极性溶剂（如液体石蜡）作为固定相，极性溶剂（如水、含水的乙醇、含水的酸等）作为流动相。

2. 比移值 R_f

在固定的条件下，不同化合物在滤纸上以不同的速度移动，所以色谱分离后各个化合物在滤纸上的位置各不相同，通常用距离表示移动的位置，见图 2-31。

比移值 R_f 的计算公式如下：

$$R_f = \frac{\text{溶质最高浓度中心到点样点中心的距离}(a)}{\text{溶剂上升的前沿到点样点中心的距离}(b)}$$

当温度、滤纸质量和展开剂等外在因素都相同时，一个化合物的比移值是一个特定常数，可以作为定性分析的依据。由于影响比移值的因素很多，实验数据往往与文献值不完全相同。因此在对未知物鉴定时，应该用标准有机物与样品在同一张滤纸上作对照。

本实验是以含正丁醇、醋酸及水的混合物为展开剂，以标准样品作对照，鉴别未知的氨基酸样品。显色剂为水合茚三酮。

三、仪器与试剂

1. 仪器

层析缸、色谱用滤纸、烧杯、量筒、电吹风、喷雾器、内径 0.3mm 的毛细管等。

2. 试剂

正丁醇、醋酸、0.1％甘氨酸溶液、0.1％异亮氨酸溶液、0.1％茚三酮溶液、蒸馏水。

四、实验步骤

1. 滤纸准备

滤纸厚薄应该均匀，全纸平整无折痕，滤纸纤维松紧适宜，能够吸收一定量的水，可用新华 1 号滤纸。用干净的剪刀剪好一条长 25cm、宽 3cm 的滤纸，用铅笔在距离一端约 2cm 处画一条点样线[1]。

2. 点样

用毛细管取氨基酸混合溶液在滤纸条点样线上左侧点样，点样点直径在 3mm 左右[2]；再用另一支毛细管取已知氨基酸样品在滤纸点样线上右侧点样，然后将其晾干或电吹风烘干。

3. 展开

将已干燥好的滤纸悬挂在玻璃勾上，或用糨糊黏附在层析缸的盖上，置于已被展开剂饱和的量筒或层析缸中，将点有样品的一端向下，小心地浸入展开剂（n-C_4H_9OH：HAc：$H_2O=4:1:1$）中约 1cm，但点样点必须在展开剂液面之上，纸的边沿不要靠在量筒或层析缸壁上，用塞子塞紧量筒或盖上层析缸，展开剂沿滤纸上升，样品中各组分随之而展开，装置见图 2-32。

4. 显色

溶剂前沿达到滤纸约 2/3 高度左右时，取出滤纸，马上标出溶剂前沿的位置，用电吹风吹干。均匀喷上 0.1％茚三酮溶液，再次吹干后出现紫色斑点。

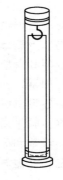

图 2-32　纸色谱的装置

5. 计算 R_f 值

分别测量点样点中心至每个斑点中心间的距离 a 值以及点样点中心到溶剂前沿的距离 b 值，计算 R_f 值，把未知样品的 R_f 值与已知样品的 R_f 值进行比较，判断未知样品是哪一种氨基酸。

五、注释

[1] 在整个过程中，注意不要用手触摸滤纸表面，以免手上汗渍沾污滤纸。

[2] 为了避免点样点过大，样品可分次点样，即每次点样后吹干溶剂再点第二次，而且每次点样位置相同。

六、思考题

1. 在滤纸上记录点样点位置时，为什么用铅笔而不用钢笔或圆珠笔？

2. 在同一张层析纸上，单独氨基酸的 R_f 值与混合液中该氨基酸的 R_f 值是否相同，为什么？

3. 在层析纸上点的样品斑点过大，会有什么后果？

4. 样品斑点不能浸到展开剂中，为什么？

实验十六　薄层色谱——偶氮苯和苏丹Ⅲ的分离

【预习提示】
1. 预习薄层色谱的基本原理。
2. 预习薄层色谱的基本操作。

一、实验目的
1. 了解薄层色谱的基本原理。
2. 掌握薄层色谱的基本操作方法。

二、实验原理

薄层色谱（thin layer chromatography，TLC）是近年来发展起来的一种微量、快速而简单的分析分离方法。薄层色谱是将吸附剂[1] 均匀地涂在玻璃板上作为固定相，经干燥、活化[2] 后点上样品，在展开剂（流动相）中展开，将混合物分离。薄层色谱属吸附色谱，当展开剂沿薄板上升时，混合样品中易被固定相吸附的组分移动较慢，而较难被固定相吸附的组分移动较快。利用吸附剂对各组分吸附能力的差异达到分离的目的。

与柱色谱相比，薄层色谱所能分离的样品更少，但分离效果更好。一般可分离微量样品（1～100μg），但如使用较大的层析板，每块板可分离约 100mg 样品。

薄层色谱适用于挥发性较小，或在较高温度下容易发生变化而又不能用气相色谱分离的化合物。该法设备简单、快速简便、选择性强。它不仅适用于有机物的鉴定、纯度的检验、定量分离和反应过程的监控，而且还常用作柱色谱的先导，即在大量分离之前，先用薄层色谱进行探索，初步了解混合物的组成情况，寻找适宜的分离条件。在柱色谱之后，还可用薄层色谱鉴定洗脱液中的组分。

本实验采用硅胶 GF_{254} 涂于玻璃板上作固定相，以乙酸乙酯和石油醚混合溶剂为展开剂分离偶氮苯和苏丹Ⅲ的混合物。

三、仪器与试剂

1. 仪器

玻璃片（可用显微镜载玻片）、层析缸、内径为 1mm 的毛细管、254nm 紫外灯、电吹风、烧杯、量筒、烘箱、分液漏斗等。

2. 试剂

乙酸乙酯-石油醚混合液（1∶2.5）、0.5%～1%偶氮苯的苯溶液、0.5%～1%苏丹Ⅲ的苯溶液、偶氮苯和苏丹Ⅲ的苯溶液、1%羧甲基纤维素钠(CMC)水溶液、硅胶 GF_{254}。

四、实验步骤

1. 薄层板的制备

薄层板的好坏直接影响到色谱的结果，薄层应尽可能地均匀而且厚度（0.25～1mm）要固定，否则展开时溶剂前沿不齐，色谱结果也不易重复。薄层板的制备方法按铺层的方法不同，分为平铺法、倾注法和浸涂法三种。本实验采用倾注法：称取 2.5g 硅胶 GF_{254} 于小烧杯中，加约 7mL 1%羧甲基纤维素钠（CMC）水溶液，立即充分研调成均匀糊状，倒在两块备好的玻璃板上[3]，迅速拿起，轻轻敲击，以使硅胶 GF_{254} 均匀地摊在玻璃板上，要求表面光滑，没有气泡。涂好的玻璃板放置于水平桌面上晾干水分，再放入烘箱中于 105～

110℃活化 30min，取出后晾冷备用。

2. 点样

在距薄层板一端 2cm 处，作为点样线。用内径 1mm 管口平齐的毛细管分别取少量 0.5%～1% 偶氮苯或苏丹Ⅲ的苯溶液以及这两种化合物的混合液为试样，垂直地轻轻接触到点样线上，点样斑点直径一般不超过 2mm。样品的用量对分离有很大的影响，若样品量太少，有的成分不易显出；若样品量太多，斑点过大，易造成交叉和拖尾现象。一块薄层板可以点多个样，但点样点之间距离以 1～1.5cm 为宜[4]。

3. 展开

薄层板的展开在层析缸中进行，实验中也可用带塞的广口瓶代替层析缸，见图 2-33。将点好样品的薄层板的点样端斜放入层析缸中进行展开，一般薄层板浸入展开剂（乙酸乙酯∶石油醚＝1∶2.5）中 0.5cm，切勿使样品浸入展开剂中。当展开剂上升到距薄层板顶端 1～1.5cm 处，混合物各组分已明显分开时，取出薄层板，立即画出展开剂前沿的位置，晾干。

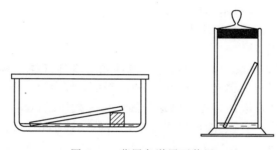

图 2-33 薄层色谱展开装置

4. 显色

可用 254nm 紫外灯照射薄层板，用铅笔标出斑点位置；或将薄层板置于放有几粒碘结晶的广口瓶内，盖上瓶盖，直至暗棕色的斑点明显时取出，标记。

5. 计算各组分的 R_f 值。

五、注释

[1] 薄层色谱中常用的吸附剂有 Al_2O_3、硅胶等。硅胶是无定形多孔性物质，略具酸性。适用于酸性和中性物质的分离和分析。商品薄层色谱用的硅胶分为：硅胶 H，不含黏合剂和其他添加剂的层析用硅胶；硅胶 G，含煅石膏（$CaSO_4 \cdot H_2O$）作黏合剂的层析用硅胶；硅胶 HF_{254}，含荧光物的层析用硅胶；硅胶 GF_{254}，含煅石膏、荧光物的层析用硅胶，可在波长 254nm 紫外灯下观察荧光。

薄层色谱用的 Al_2O_3 也分为 Al_2O_3-G，Al_2O_3-HF_{254} 及 Al_2O_3-GF_{254}。

[2] 将晾干的薄层板置于烘箱中加热活化。硅胶板在烘箱中一般要慢慢升温，维持 105～110℃活化 30min。Al_2O_3 板在 150～160℃活化 4h。薄层板的活性与含水量有关，其活性随含水量的增加而下降。

[3] 要得到黏结较牢的薄层板，载玻片一定要洗干净，一般先用肥皂洗净，再用自来水、蒸馏水冲洗，必要时要用酒精擦洗，洗净后只能拿载玻片的侧面。

[4] 注意点样时不要触破硅胶层。

六、思考题

1. 若实验时不慎将斑点浸入展开剂中，会产生什么后果？

2. 样品斑点过大对分离效果会产生什么影响？

3. 为什么层析缸必须尽量密闭，在展开过程中不能让溶剂挥发掉？

实验十七　气相色谱

【预习提示】

1. 预习气相色谱柱的分离原理。

2. 预习气相色谱仪的基本结构及分析原理。

一、实验目的

1. 理解气相色谱分离、分析的基本原理。

2. 了解气相色谱仪各部件的功能。

3. 掌握气相色谱分析的一般实验方法。

4. 会使用 FID 气相色谱对未知物进行分析。

二、实验原理

1. 气相色谱法基本原理

气相色谱（gas chromatography，GC）的流动相是惰性气体（称为载气），固定相则可以是固体或液体，因此气相色谱又可分为气-液色谱和气-固色谱。气-液色谱的固定相是吸附在小颗粒固体表面的高沸点液体，通常将这种固体称为载体或担体，而把吸附在载体表面上的高沸点液体称为固定液[1]。气-液色谱是分配色谱的一种形式，利用被分析样品中各组分在固定液中溶解度的不同，从而将混合样品分离。气-固色谱的固定相是固体吸附剂如硅胶、氧化铝和分子筛等，主要是利用不同组分在固定相表面吸附能力的差别而达到分离的目的。由于气-液色谱中固定液的种类繁多，因此它的应用范围比气-固色谱更为广泛。

气-液色谱法中由于被分离样品中各组分的物性不同，各组分在气相和固定液（相）间的分配系数不同，当气化后的试样被载气带入色谱柱中，各组分就在两相间进行反复多次分配，由于固定液对各组分的溶解能力不同，虽然载气流速相同，各组分在色谱柱中的运行速度却不同，经过一定时间各组分彼此分离，按顺序离开色谱柱进入检测器，产生的信号经放大后，在记录器上描绘出各组分的色谱峰。根据出峰位置，确定组分的名称，根据峰面积确定浓度大小。

气-固色谱法中以表面积大且具有一定活性的吸附剂作为固定相。当多组分的混合样品进入色谱柱后，由于吸附剂对每个组分的吸附能力不同，经过一定时间后，各组分在色谱柱中的运行速度也就不同。吸附能力弱的组分容易被解吸下来，最先离开色谱柱进入检测器，而吸附能力最强的组分最不容易被解吸下来，因此最后离开色谱柱。各组分得以在色谱柱中彼此分离，按顺序进入检测器中被检测、记录下来。

常用的气相色谱仪是由色谱柱、检测器、气流控制系统、温度控制系统、进样系统和信号记录系统等部件组成。气相色谱仪器框图如图 2-34 所示。

2. 气相色谱法定性分析

在气相色谱中常用流出曲线来描述样品中各组分的浓度。也就是说，让分离后的各组分谱带的浓度变化输入换能装置中，转变成电信号的变化。然后将电信号的变化输入记录器记录下来，便得到如图 2-35 的色谱流动曲线。它表示组分进入检测器后，检测器所给出的信号随时间变化的规律。它是柱内各组分分离结果的反映，是研究色谱分离过程机理的依据，

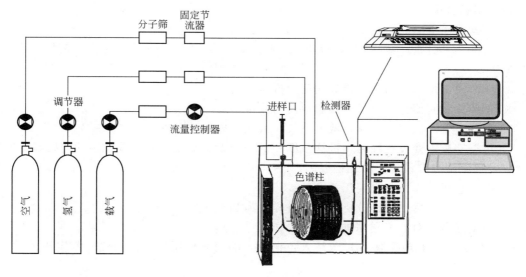

图 2-34 气相色谱仪器框图

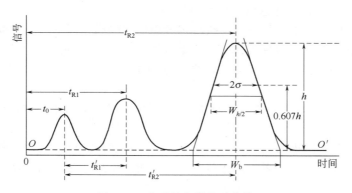

图 2-35 典型的色谱流动曲线

也是定性和定量的依据。

气相色谱一般是利用保留值进行定性分析。分析时，可将未知物的保留值与纯已知物的保留值或文献上的保留值对照，或将纯物质混入样品中，观察相应的色谱峰是否增高，以鉴定未知物。但应指出的是，有时几种物质在同一色谱图上会有相同的保留值，因此，常需选用几根不同极性固定液的柱子分别测定保留值，这样的定性结果才可靠。

3. 氢火焰离子化检测器的原理

本实验用氢火焰离子化检测器（FID）[2]，它是以氢气和空气燃烧的火焰作为能源，利用含碳有机物在火焰中燃烧产生离子，在外加电场作用下，使离子形成离子流，根据离子流产生的电信号强度，检测被色谱柱分离出的组分。

三、仪器与试剂

1. 仪器

气相色谱仪带氢火焰离子化检测器（3420A 气相色谱仪）、氢-空发生器（SPH-300 氢气发生器）、氮气钢瓶、色谱柱、微量注射器等。

2. 试剂

苯、甲苯均为分析纯。

四、实验步骤

1. 打开稳压电源。

2. 打开 N₂ 钢瓶（减压阀），以 N₂ 为载气，开始通气，检漏；调整色谱柱前压约为 0.12MPa。

3. 调节总流量为适当值（根据刻度的流量表测得）。

4. 调节分流阀使分流流量为实验所需的流量。

5. 打开空气、氮气开关阀，调节空气、氮气流量为适当值。

6. 根据实验需要设置柱温、进样温度和 FID 检测器温度。本实验柱温的初始温度恒温。气化室及检测器温度设定一般比柱温高 $50\sim100℃$[3]。

7. 打开色谱工作站，设定相关参数。

8. 待仪器稳定后，进样分析，注意进样量为 $2\mu L$ 左右。

9. 按上述方法对以下样品进行分析操作。

（1）用微量注射器吸取 $2\mu L$ 苯注入色谱仪，测定其保留时间。同法，测定甲苯的保留时间。

（2）取含苯与甲苯的混合液 $2\mu L$ 注入色谱仪，测定各色谱峰的保留时间，与上面标准样品的保留时间对照，判断各色谱峰代表何种物质。

10. 峰记录与处理。微机化后自动获得积分面积、峰高、保留时间等数据。

11. 实验结束后首先调节柱温到室温，调节氢气、空气流量为零，随后关闭氢-空发生器，待柱温降到室温后关闭色谱仪，最后将氮气钢瓶关闭。

五、注释

[1] 气相色谱用的载体及固定液种类很多，实验时应根据样品组分的极性程度进行选择。

[2] 检测器类型有氢火焰离子化检测器、热导池检测器、电子捕获检测器。

[3] 气相色谱仪的型号很多，工作条件应根据所用机型而定，此处所列仅供参考。

六、思考题

1. 如何利用气相色谱法鉴定混合物所含组分？

2. 在分析有机物时常采用氢火焰离子化检测器，这是为什么？

3. 气相色谱仪各部分的作用是什么？

4. 简要分析各组分流出先后的原因。

5. 气相色谱法用于分析时的适用范围。

实验十八　高效液相色谱

【预习提示】

1. 预习液相色谱柱的分离原理。

2. 预习液相色谱仪的基本结构及分析原理。

一、实验目的

1. 理解液相色谱分离、分析的基本原理。

2. 了解液相色谱仪的基本构造。

3. 掌握液相色谱的操作方法和分析方法。

二、实验原理

液相色谱法（liquid chromatography）采用液体作为流动相，利用试样中各组分在固定相和流动相间吸附或分配系数的微小差异达到分离的目的。当两相做相对移动时，被测物在两相之间进行反复多次的质量交换，使溶质间微小的性质差异产生放大的效果，达到分离分析和测定的目的。液相色谱与气相色谱相比，最大的优点是可以分离不挥发而具有一定溶解性的有机物或受热后不稳定的物质，这类有机物在已知化合物中占有相当大的比例，这也确定了液相色谱在分析领域中的主导地位。

高效液相色谱（high performance liquid chromatography，HPLC）可分析低分子量、低沸点的有机化合物，更多适用于分析中、高分子量、高沸点及热稳定性差的有机化合物。80%的有机化合物都可以用高效液相色谱分析，已广泛应用于生物工程、制药工程、食品工业、环境检测、石油化工等行业。

1. 高效液相色谱的分类

高效液相色谱主要分为吸附色谱法、分配色谱法、空间排阻色谱法、离子交换色谱法、亲和色谱法、化学键合相色谱法。

2. 高效液相色谱仪的基本构造

高效液相色谱包括输液系统、进样器、分离柱、检测器和数据处理系统等几部分。

（1）输液系统　包括贮液及脱气装置、高压输液泵和梯度洗脱装置。贮液装置用于存贮足够量、符合 HPLC 要求的流动相[1]。高效液相色谱柱填料颗粒比较小，通过柱子的流动相受到的流动阻力很大，因此需要高压泵输送流动相。

（2）进样器　将待测的样品引入到色谱柱的装置。液相色谱进样装置需要满足重复性好、死体积小、保证柱中心进样、进样时引起的流量波动小、便于实现自动化等多项要求。进样器包括取样、进样两项功能。

（3）分离柱　色谱柱[2]是色谱仪的心脏。柱效高、选择性好、分析速度快是对色谱柱的一般要求。商品化的 HPLC 微粒填料，如硅胶和以硅胶为基质的键合相、氧化铝、有机聚合物微球（包括离子交换树脂）等的粒度通常在 $3\mu m$、$5\mu m$、$7\mu m$ 及 $10\mu m$。有的固定相粒度甚至可以达到 $1\mu m$，而制备色谱所采用的固定相粒度通常大于 $10\mu m$。HPLC 填充柱效的理论值可以达到 $50000\sim160000/m$ 理论板，一般采用 $100\sim300mm$ 的柱长可满足大多数样品的分析需要。由于柱效受内、外多种因素的影响，因此为使色谱柱达到其应有的效率，应尽量减小系统的死体积。

（4）检测器　HPLC 检测器分为通用型检测器和专用型检测器两类。通用型检测器可连续测量色谱柱流出物（包括流动相和样品组分）的全部特性变化。这类检测仪器包括示差折光检测器、介电常数检测器、电导检测器等。这类检测器适用范围广，但是对于流动相有响应，受温度变化、流动相流速和组成变化的影响，检测灵敏度低，不能用于梯度洗脱的分离模式。专用型检测器对样品中组分的某种物理或化学性质敏感，可用于测量被分离组分某一特性的变化。这类检测器包括紫外检测器、荧光检测器、质谱检测器、放射性检测器。

（5）数据处理系统　数据处理系统可以分为数据处理系统和专用智能处理系统两类，前者可以完成一般的色谱数据处理任务，有些软件可以实现部分仪器的控制功能。前者即一般的色谱工作站，后者通常称之为专家系统。

三、仪器与试剂

1. 仪器

高效液相色谱仪（Agilent 1100 HPLC）、7725i 手动进样器、$20\mu L$ 定量环、可变波长紫外检测器（VWD）、C18 反相色谱柱、流动相过滤器、微量注射器等。

2. 试剂

硫脲、苯、甲苯（分析纯）、甲醇（色谱纯）、三次蒸馏水或高纯水[3]。

四、实验步骤

1. 以流动相为溶剂，配制分析用的溶液，并用 0.22μm 滤膜过滤[4]。

2. 用 0.22μm 滤膜过滤流动相。

3. 打开计算机，进入并运行 Bootp Server 程序。

4. 打开色谱仪各组件电源，待 Bootp Server 里显示已联上各组件的信息及各模块自检完成后，打开化学工作站软件与 HPLC 通讯。

5. 编辑分析方法，设定流速、流动相组成、柱温、检测波长等参数。

6. 待仪器稳定后，进样分析，注意进样量，10μL 左右。

7. 按上述方法对以下样品进行分析操作：

（1）用微量注射器吸取 10μL 硫脲溶液注入色谱仪，测定其保留时间，用来标定死时间。

（2）用微量注射器吸取 10μL 苯或甲苯注入色谱仪，测定其保留时间。

（3）用微量注射器吸取含苯与甲苯的样品液 10μL 注入色谱仪，测定各色谱峰的保留时间，与上面标准样品的保留时间对照，判断各色谱峰代表何种物质。

8. 运行完毕关机前先冲洗系统：反相柱用 10%甲醇-水冲洗系统 30min，再用 100%甲醇冲洗系统 20min[5]，然后关泵。退出工作站，关闭计算机。关闭仪器各组件，关掉 Agilent 1100 电源开关。

五、注释

[1] 流动相应选用色谱纯试剂、三次蒸馏水或高纯水，需经 0.22μm 滤膜过滤后使用，过滤时注意区分水系膜和油系膜的使用范围。

[2] 色谱柱使用前仔细阅读色谱柱附带的说明书，注意适用范围，如 pH 值范围、流动相类型等。不用色谱柱时，应用甲醇冲洗，取下后紧密封闭两端保存。

[3] 水相流动相需经常更换（一般不超过 2 天），防止长菌变质。

[4] 采用 0.22μm 滤膜处理样品，确保样品中不含固体颗粒。

[5] 不要高压冲洗色谱柱。

六、思考题

1. 什么是反相色谱？

2. 影响柱效能的主要因素是什么？

3. 如何在紫外检测时选择最佳波长？

4. 为何流动相和样品均需严格过滤？

第三章　有机化合物结构表征

波谱法是化合物结构测定和成分分析的重要手段。近 40 年来，随着科学技术的发展，波谱学与电子学、计算机科学紧密结合，波谱法取得了快速发展，并从根本上改变了化学研究的方法，特别是有机化合物结构表征的方法。紫外光谱、红外光谱、核磁共振谱（氢谱和碳谱）、质谱等波谱方法已完全或部分取代了传统的结构鉴定方法，成为有机化学研究强有力的工具。波谱法的应用大大缩短了复杂化合物结构测定的时间，也使许多过去难以解决的问题，如生命科学中蛋白质、核酸、多糖的结构测定等迎刃而解，促进了这些学科的发展。目前，波谱法已迅速渗透到生物化学、植物化学、药物学、医学、农业、商业等各个研究领域，在科学研究和国民经济各个部门得到广泛应用。

实验十九　紫外吸收光谱

【预习提示】

1. 预习原子核外电子结构的基本知识和分子轨道理论。
2. 预习朗伯-比耳（Lambert-Beer）定律。

一、实验目的

1. 了解紫外吸收光谱的基本原理和应用范围。
2. 了解紫外吸收光谱仪的工作原理及操作方法。

二、实验原理

紫外光谱（ultraviolet spectroscopy，UV）是由于分子中的价电子由低能态跃迁到高能态而产生的一种吸收光谱。

将波长在 100～400nm 的区域称为紫外光区，其中 100～200nm 的区域称为远紫外光区，200～400nm 的区域称为近紫外光区；将波长在 400～800nm 的区域称为可见光区。有机化学中紫外光谱一般指在 200～400nm 的近紫外光区。常用的紫外-可见分光光度法一般包括紫外及可见光两部分，是利用某些物质的分子吸收 200～800nm 光谱区的辐射来进行分析测定的一种光谱方法。

紫外-可见光照射可引起分子中电子能级的跃迁。电子能级的跃迁主要是价电子吸收一定波长的电磁波发生的跃迁，产生电子吸收光谱。有机化合物的价电子包括成键的 σ 电子、π 电子和非键的 n 电子。

1. 有机分子中电子跃迁的类型

σ→σ* 跃迁：σ 电子能级低，一般不易激发。σ→σ* 跃迁所需的能量高，对应波长范围<150nm，在近紫外光谱区观测不到，唯有环丙烷的 σ→σ* 跃迁在 190nm 附近，位于近紫外光区的末端。

n→σ* 跃迁：含杂原子（O、N、S、X）的饱和烃衍生物，其杂原子上未成键电子（n

电子）向 σ^* 轨道跃迁称 n→σ^* 跃迁。n→σ^* 跃迁所需能量较 σ→σ^* 跃迁低。

π→π^* 跃迁：π 电子较易激发跃迁到 π^* 轨道，对应波长较长。非共轭 π 轨道的 π→π^* 跃迁，对应波长范围 90～160nm。两个或两个以上 π 键共轭，π→π^* 跃迁能量降低，对应波长增加，红移至近紫外光区甚至可见光区。

n→π^* 跃迁：n→π^* 跃迁发生在碳原子或其他原子与带有未成键的杂原子形成的 π 键化合物中，如含有 C=O、C=S、N=O 等键的化合物分子。n 轨道的能量高于成键 π 轨道的能量，n→π^* 跃迁所需能量较低，对应波长范围在近紫外区。

紫外光谱中吸收带的强度标志着相应电子能级跃迁的概率，遵从 Lambert-Beer 定律。

$$A=\lg(I_0/I_t)=alc$$

式中，A 为吸光度；I_0、I_t 分别为入射光、透射光的强度；a 为吸光系数；l 为样品池厚度，cm；c 为百分比浓度。若 c 的单位用摩尔浓度表示，$A=\varepsilon lc$，ε 为摩尔吸光系数。ε 值在一定波长下相当稳定，即测试条件一定时，ε 为常数，是鉴定化合物及定量分析的重要数据。

2. 紫外光谱表示法

紫外光谱可用图表示或以数据表示。

图示法：常见的有 A-λ 作图、ε-λ 作图或 $\lg\varepsilon$-λ 作图，波长 λ 的单位为 nm。

数据表示法：以谱带的最大吸收波长 λ_{max} 和最大摩尔吸光系数 ε_{max}（或 $\lg\varepsilon_{max}$）表示。如 $\lambda_{max}=237$nm，$\varepsilon=10^4$。

3. 紫外光谱常用术语

生色团：指分子中产生紫外吸收谱带的不饱和基团，如 C=C、C=O、C=S、N=O 等。

助色团：指本身不产生紫外吸收的基团，但与生色团相连时，可使生色团的吸收向长波方向移动，且吸收强度增大。

红移：由于取代基或溶剂的影响，λ 值增大，即向长波方向移动。

蓝移：由于取代基或溶剂的影响，λ 值减小，即向短波方向移动。

增色效应：由于取代基或溶剂的影响，使吸收强度增大的效应。

减色效应：由于取代基或溶剂的影响，使吸收强度减小的效应。

末端吸收：指吸收曲线随波长变短而强度增大，直至仪器测量极限，在仪器极测量限处测出的吸收为末端吸收。

肩峰：指吸收曲线在下降或上升处有停顿，或吸收稍微增加或降低的峰，是由于主峰内隐藏有其他峰。

三、仪器与试剂

1. 仪器

Lambda 35 紫外-可见分光光度计。

紫外-可见分光光度计的基本结构由四个部分组成。

（1）光源 分光光度计中常用的光源有热辐射光源和气体放电光源两类。热辐射光源用于可见光区，如钨丝灯和卤钨灯；气体放电光源用于紫外光区，如氢灯和氘灯。对光源的基本要求是在仪器操作所需的光谱区域内能够连续辐射，有足够的辐射强度和良好的稳定性，而且辐射能量随波长的变化应尽可能小。

（2）单色器 单色器是能从光源辐射的复合光中分出单色光的光学装置，主要由狭缝、色散元件和准直镜等组成，通过棱镜或光栅将混合光分解为单色光。自棱镜或光栅射出的光经旋转反射镜依次射出出射狭缝，经聚焦后到达吸收槽。而旋转反射镜的旋转速度与记录器的扫描速度是同步的。因此各种波长的光吸收情况可以连续记录下来，成为吸收光谱图。

（3）吸收池 吸收池用于盛放分析试样，常用的吸收池有石英或玻璃两种材料制成。石英池可用于紫外光区，可见光区用硅酸盐玻璃。常用吸收池光程有 1cm、2cm、10cm 等，形状有长方形、方形和圆柱形等。

（4）检测器 常用的检测器有光电池、光电管和光电倍增管等。检测器的功能是检测信号、测量单色光透过溶液后光强度变化的一种装置，是对透过样品池的光做出响应，并把它转变成电讯号输出。其输出电讯号的大小与透射光的强度成正比。无论何种检测器并不是在全部紫外光区和可见光区范围内都十分敏感，必须根据所需测量的波段区域来选择不同的检测器。由光电管产生的光电流经电子管放大后，由记录仪加以记录。图 3-1 是双色散双光路紫外-可见分光光度计结构示意图。

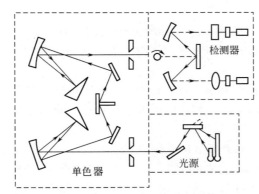

图 3-1 双色散双光路紫外-可见分光光度计结构示意图

2. 试剂

安息香、对苯醌、乙苯和 α-萘酚。

四、实验步骤

1. 样品的准备

在进行有机化合物的紫外吸收光谱测定时，样品一般配成溶液使用。所用的溶剂必须符合下列要求：

（1）对样品有足够的溶解度；

（2）在测量波段没有吸收；

（3）溶剂不与样品反应。

配制样品溶液的浓度[1] 一般在 $10^{-5}\sim10^{-2}\,mol\cdot L^{-1}$。

2. 光谱的测定

（1）打开仪器稳定大约 5min 左右，等待仪器自检和稳定。

（2）打开计算机，双击桌面上 PerkinElmer UV WinLab 图标，弹出对话框，点击 OK 进入方法设置界面。

（3）选择实验方法。本仪器可以运行以下五类实验，设置在 Methods 文件夹内：Scan—波长扫描（扫描范围 200～1100nm）；Time drive—时间驱动（在固定波长下进行时间扫描）；Wavelength quant—波长定量；Scanning quant—扫描定量；Wavelength program—波长编程。选择需要的实验方法并双击，进入该实验方法下的任务（Task）窗口，Task 包括 Data collection、Sample information、Processing、Results、Reporting 等内容。

3. 波长扫描

双击 Method \ Scan 进入波长扫描任务。

（1）设置测试参数（Data collection）。双击 Data collection，可以设置以下参数：扫描范围；纵坐标类型（Ordinate mode），从下拉列表中选择；A—Absorbance，吸光度；T—Transmittance，透过率；数据间隔（Data interval）—采样的数据间隔（nm）；扫描速度（Scan speed）—从下拉列表中选择需要的扫描速度；循环次数（Number of cycles）—重复扫描次数；循环时间（Cycle time）—指此次测试完成后距离下次循环测试的时间。

（2）测试

① 设置参数后，先在样品架和参比架内放置相同的参比液，点击 Auto zero 进行基线校正。校正完成后里侧放置参比，外侧（靠近操作者）放置样品，点击开始进行测试。

② 测试完成后，右键单击谱图左下角的样品名称，选择文件类型并保存文件。

（3）结果处理

从紫外光谱图中找出 λ_{max} 和 ε_{max}，推断分子结构中有无共轭体系存在。将待测化合物的谱图与文献中已知化合物的谱图对照，推测可能是何种化合物。

4. 实验内容

用安息香、对苯醌、乙苯和 α-萘酚（它们的紫外光谱图可从文献中查出）作未知物，测定未知物的紫外光谱，同文献中相应的标准谱图比较，辨认未知物是哪种化合物。

五、注释

[1] 紫外光谱的测定，通常都是在极稀的溶液中进行，溶剂在样品吸收范围内应无吸收（透明）。溶剂不同，UV 干扰范围也不同。单一溶剂在 1cm 厚的样品池中测得吸光度为 0.1 时的波长为该溶剂的"剪切点"，剪切点以下的短波区，溶剂有明显的紫外吸收，剪切点以上的长波区，可以认为溶剂透明。

六、思考题

1. 化合物的紫外光谱图主要揭示分子结构中的哪些信息？

2. 解释 λ_{max} 的含义。

实验二十　红外光谱法

【预习提示】

1. 预习化学键的相关知识。

2. 预习红外光谱的应用。

一、实验目的

1. 了解红外光谱法的基本原理和应用。

2. 了解红外光谱仪的工作原理及操作方法。

二、实验原理

红外光谱（infrared spectroscopy，IR）是研究分子运动的吸收光谱，亦称为分子光谱。通常红外光谱指波数 $4000\sim400\text{cm}^{-1}$ 之间的吸收光谱，这段波长范围的吸收反映出分子中原子间的振动和变角振动。分子在振动运动的同时还存在转动运动，虽然转动运动所涉及的能量变化较小，但转动运动影响到振动运动产生偶极矩的变化，因而在红外光谱区实际所测得的谱图是分子的振动与转动运动的加和表现，因此红外光谱又称为分子振转光谱。

　　分子中的原子由化学键连接在一起，如同弹簧连接的两个钢球，总是处于不停地振动之中。当化学键两端原子的电负性不同时，使分子具有极性。分子的极性是用偶极矩来衡量的，偶极矩是电荷量与正、负电荷中心之间距离的乘积（$P = Q \cdot d$）。

　　分子中原子间的振动可划分为两类：

　　（1）沿成键方向的伸缩振动，它改变键长的大小；

　　（2）两个化学键之间键角的变角振动，称为弯曲振动，它改变键角的大小。

　　以亚甲基为例，说明各种不同振动方式，见图 3-2。上述振动虽然不改变极性分子中正、负电荷中心的电荷量，却改变着正、负电荷中心间的距离，导致分子偶极矩的变化。相应这种变化，分子中总是存在着不同的振动状态，有着不同的振动频率，形成不同的振动能级。

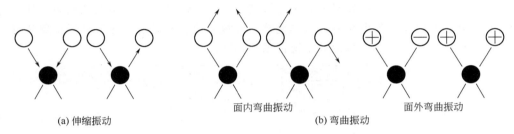

图 3-2　亚甲基上原子各种振动方式

　　当一束连续波长的红外光透过极性分子时，某一波长红外光的频率若与分子中某一原子或基团的振动频率相同，即发生共振。这时，光子的能量通过分子偶极矩的变化传递给分子，导致分子对这一频率的光子选择吸收，从振动基态激发到振动激发态，产生振动能级的跃迁。记录被吸收光子的频率（波数）或波长及相应的吸收强度，即形成 IR 谱图。IR 谱一般以波数 σ（cm^{-1}）或波长 λ（μm）为横坐标，以透光率 T（%）为纵坐标。

　　IR 谱按照波长可划分为近红外、中红外和远红外三个波段，波长范围分别为 $12820 \sim 4000cm^{-1}$、$4000 \sim 400cm^{-1}$ 和 $400 \sim 33cm^{-1}$。不同化合物中相同的官能团或化学键，在红外光谱图中吸收带的位置大致相同，各种基团都有自己特定的红外吸收区，其相应吸收峰所在位置称为特征吸收频率。几乎所有的有机化合物，只要不是结构对称或完全无极性等特殊情况，一般有特征的红外光谱。常用的红外光谱范围为中红外区，中红外区是基团振动的基频区，具有良好的基团相关性，绝大多数有机化合物的基频吸收都落在这一区域。

　　中红外的波数范围为 $4000 \sim 400cm^{-1}$，其中 $4000 \sim 2300cm^{-1}$ 为氢键区，即为 X—H 键伸缩振动吸收区（X 为 O、N、C 和 S 原子）。$2300 \sim 2000cm^{-1}$ 为叁键和累积双键吸收区，包括—C≡C—、C≡N 等叁键伸缩振动吸收和 C=C=C、C=C=O、—N=C=O 等反对称伸缩振动吸收。$2000 \sim 1500cm^{-1}$ 为双键伸缩振动吸收区，包括 C=C、C=O、C=N、—NO₂ 等伸缩振动吸收，芳环的骨架振动吸收也在此区域内。$1500 \sim 400cm^{-1}$ 为单键区。单键区反映的是—C—C—、C—O—C、C—N 等单键的伸缩、弯曲及其混合振动。另外，有机分子中的化学键尽管总是在特定的波数范围内产生 IR 吸收，但其吸收的波数会因它们所在化合物分子的不同而有所差异，比如饱和与不饱和化合物中的碳氢键，即—C—H 和=C—H 的 IR 吸收分别发生在小于和大于 $3000cm^{-1}$。附录 6 是有机化合物中常见官能团和化学键的特征红外吸收的波数范围。

　　为了便于图谱解析，通常把红外光谱分成两个区域，即官能团区和指纹区。波数 $4000 \sim 1400cm^{-1}$ 的频率范围为官能团区，常见的官能团在这个区域内一般有特定的吸收峰，吸收主要是由于分子的伸缩振动引起的。低于 $1400cm^{-1}$ 的区域称为指纹区，指纹区吸收峰的数目较多，这是由化学键弯曲振动和部分单键的伸缩振动引起的，吸收带的位置和强度随化合物而异。如同人有不同的指纹一样，许多结构类似的化合物，在指纹区应可找到它们 IR 的差异。因此，指纹区对鉴定化合物起着非常重要的作用。

三、仪器与试剂

1. 仪器

FTIR-7600 红外分光光度计。

目前常用的红外分光光度计多为色散型双光束分光光度计，其结构主要有六部分：光源、吸收池、单色器、检测器、放大器和记录器（如图 3-3）。双光束红外分光光度计的光源发出的红外光分成 2 束，1 束通过样品池，另 1 束通过参比池，然后进入单色器。在单色器前有一个以一定频率旋转的扇形镜，扇形镜转速为 13 次/秒，周期地切割光束，使穿过样品的光束和穿过参比池的光束交替进入单色器，经棱镜或光栅色散分光后，经出射狭缝，最后到达检测器，信号经放大，由记录系统记录成谱图。

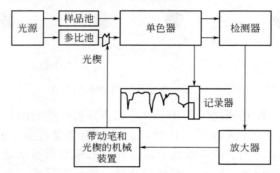

图 3-3　双光束红外分光光度计原理框图

2. 试剂

萘、苯甲酸、溴化钾（光谱纯）、液体石蜡。

四、实验步骤

1. 波数校正

红外分光光度计机械系统的精确度直接影响波数的准确性。在测定红外光谱前，先要对波数进行校正。一般用聚苯乙烯薄膜（厚 0.1mm），由测出的光谱图与标准谱图相对照，找出主要吸收峰的归属，同时检查 $2850cm^{-1}$、$1602cm^{-1}$ 和 $906cm^{-1}$ 的吸收峰位置是否正确。

2. 样品的制备

测定液体样品最简便的办法是液膜法。可将一滴样品夹在两个盐片之间使之成为极薄的液膜，用于测定。滴入样品后应将盐片压紧并轻轻转动，以保证形成的液膜无气泡；也可将液体放入样品池中进行测定，或者将待测样品夹于两层聚乙烯薄膜之间，但这种方法对 $2900cm^{-1}$、$1465cm^{-1}$ 和 $1380cm^{-1}$ 吸收峰产生干扰，仅当无需关注 CH_3 和 CH_2 基团时，才可以用此方法。

固体样品的测定可用两种方法：一种称为液状石蜡研糊法[1]。将 2～3mg 的固体试样与 1～2 滴液状石蜡在玛瑙研钵中研磨成糊状，使试样均匀地分散在液状石蜡中，然后把糊状物夹在盐片之间，放在样品池中进行测定。另一种方法称为溴化钾压片法[2]。将 2～3mg 试样与约 300mg 无水溴化钾于玛瑙研钵中，研细后放在金属模具中，加压制成含有分散样品的溴化钾薄片，这样可以得到没有杂质吸收的红外光谱。具体操作方法如下。

（1）取 200～300mg 无水溴化钾与 2～3mg 试样于玛瑙研钵中，研细。

（2）把磨细的粉末均匀分散在压样模具内，将模具放入压片机中进行压片。将旋转杆拧紧后，摇动手动压把，达到所需压力（10～12MPa），保持 2min 后，慢慢减至常压，取出带透明薄片的模具。

所有用于红外光谱分析的试样，都必须保证无水并有高的纯度，否则由于杂质和水的吸收，使光谱图变得无意义。

3. 光谱测定和记录

（1）打开电脑主机和红外分光光度计电源，预热 5min。取出样品池及光路中的干燥剂，盖上样品池盖。

（2）双击桌面上 FTIR-7600 图标，打开红外分光光度计操作软件。

（3）点击主菜单中的"采集"→"采集设置"对话框，设置测定时的分辨率、信号采集次数、波长采集范围、吸光度或透光率、采集样品前采集背景等。

（4）点击主菜单中的"采集样品"，此时仪器自动采集空气的红光吸收，用以消除空气对测定样品的干扰。当桌面显示放入样品指令时，将制好的样品薄膜放入仪器的样品槽中，放入样品池，合上样品盖，点击"确定"图标。此时仪器自动收集样品的红外光谱信息。

（5）测定完毕，点击主菜单中的"另存"图标，将所测红光光谱图保存为 GFI 或 CSV 格式文件。GFI 格式文件可用 FTIR-7600 软件直接打开，CSV 格式文件用于在 Origin 或 Excel 中作图。

（6）完成测定后，关闭电脑主机和红外分光光度计电源，将相应的干燥剂放入样品池及光路中，盖上样品池盖。

4. 实验内容

（1）用液膜法测定液体样品茆的红外光谱，将测得的红外光谱图与标准谱图比较。

（2）用溴化钾压片法测定苯甲酸的红外光谱，与标准谱图比较并对谱图进行解析。

五、注释

[1] 此法的不足之处是液状石蜡本身在 $2900cm^{-1}$、$1465cm^{-1}$ 和 $1380cm^{-1}$ 附近有强烈的吸收。

[2] 此方法的不足之处是 KBr 易吸水，有时难免在 $3400～3710cm^{-1}$ 和 $1650cm^{-1}$ 附近产生吸收，对样品中是否存在羟基的判断产生干扰。为消除外来水分子的干扰，可在同样条件下制备同样厚度的 KBr 薄片作参比。凡可研磨成粉末并在研磨过程中不与 KBr 发生化学反应、吸湿性不强的样品均可采用此方法进行测定。

六、思考题

1. 常见的指纹区有哪些？

2. 使用红外光谱分析有机化合物结构的顺序是什么？

实验二十一　核磁共振氢谱

【预习提示】

1. 预习核外电子自旋的概念。

2. 预习核磁共振氢谱图的解析。

一、实验目的

1. 了解核磁共振谱的基本原理和一般应用。
2. 了解连续波核磁共振仪的工作原理及操作方法。

二、实验原理

核磁共振氢谱（nuclear magnetic resonance hydrogen spectrum，^{1}H-NMR）的基本原理是具有磁矩的氢核，在外加磁场中磁矩有两种取向：一种与外加磁场同向，能量较低；另一种与外加磁场反向，能量较高。两者的能量差 ΔE 与外磁场强度 H_0 成正比：

$$\Delta E = \gamma \frac{h}{2\pi} H_0$$

式中，γ、h、H_0 分别为核的旋磁比、普朗克常数、外磁场强度。

如果在与磁场 H_0 垂直的方向，用一定频率的电磁波作用到氢核上，当电磁波的能量 $h\nu$ 正好等于能级差 ΔE 时，氢核就会吸收能量从低能态跃迁到激发态，即发生"共振"现象。所以核磁共振必须满足下列条件：

$$h\nu = \Delta E = \gamma \frac{h}{2\pi} H_0, \quad 即 \quad \nu = \frac{\gamma}{2\pi} H_0$$

式中，ν 为电磁波的频率。

1. 化学位移

在实际的分子环境中，氢核外面是被电子云所包围的，电子云对氢核有屏蔽作用，从而使得氢核所感受到的磁场强度不是 H_0 而是 H'。在有机化合物分子中，不同类型的氢核其周围的电子云屏蔽作用是不同的。也就是说，质子的共振频率不仅由外加磁场和核的磁旋比决定，而且还受到质子周围分子环境的影响。电子在外界磁场的作用下发生循环流动，产生一个感应磁场。假若它和外界磁场是以反平行方向排列的，这时质子所受到的磁场强度将减少一点，称为屏蔽效应。屏蔽作用越强，氢核对外界磁场的感受就越少，质子在较高的磁场强度下才能发生共振吸收。相反，假若感应磁场与外界磁场平行排列，就等于在外加磁场下再增加了一个小磁场，即增加了外加磁场的强度。此时，质子感受到的磁场强度增加了，这种情况称为去屏蔽效应。相应地，质子可在较低的磁场强度下才能发生共振吸收。由于质子发生共振频率的差异是由质子周围化学环境不同引起的，从而导致谱图上不同质子信号的位移，故称为化学位移。也就是说电子的屏蔽和去屏蔽效应引起的氢核磁场共振吸收位置的移动称为化学位移。

化学位移用 δ(ppm) 表示，其定义为：

$$\delta = \frac{\nu_{样品} - \nu_{标准}}{\nu_{仪}} \times 10^6$$

式中，$\nu_{仪}$ 仪器的固有频率；$\nu_{标准}$ 为参比物的共振频率；$\nu_{样品}$ 为样品中氢核的共振频率。常用四甲基硅烷（TMS）作标准，其化学位移 δ 值规定为零。

影响化学位移的因素主要有：诱导效应、共轭效应、各向异性效应、van der Waals 效应、溶剂效应和氢键效应。其中诱导效应、共轭效应、各向异性效应和 van der Waals 效应是在分子内起作用的，溶剂效应是在分子间起作用的，氢键效应则在分子内和分子间都会产生。

2. 自旋偶合

在有机化合物的核磁共振氢谱即 ^{1}H-NMR 谱图中同一类质子吸收峰个数增多的现象叫作裂分。产生这种裂分现象的原因是由于质子本身就是一个小磁体，每个原子不仅受外磁场的作用，也受邻近的质子产生的小磁场的影响。在一般情况下，具有核自旋量子数 I 的 A 原子与另一个 B 原子偶合裂分形成 B 峰的数目可由下式得到：

$$N = 2nI + 1$$

式中，N 为观察到的 B 原子的峰数目；n 为相邻磁等性 A 原子的数目；I 为 A 原子的核自旋量子数。当 A 原子为 ^{1}H、^{13}C、^{19}F 和 ^{31}P 时，由于 $I = 1/2$，这种表达可简化为 $N = n + 1$，即 $n + 1$ 规律。

3. 峰面积

在 ^{1}H-NMR 谱图中每组峰的面积与产生这组信号的质子数成正比。比较各组信号的峰面积，可以确定各种不同类型质子的相对数目。现代核磁共振仪都具有自动积分功能，可以在谱图上记录下积分曲线。峰面积一般用阶梯式积分曲线来表示，积分曲线由低场向高场扫描。在有机化合物的 ^{1}H-NMR 谱图中，从积分曲线的起点到终点的高度变化与分子中质子的总数成正比，而每一阶梯的高度则与相应质子的数目成正比。现代核磁共振仪也可将分子中各种质子的比值数标于其相应的峰下。

4. 偶合常数

偶合常数（用 J 表示）也是核磁共振谱的重要数据，它与化合物的分子结构关系密切，在推导化合物的结构，尤其在确定立体结构时很有用处。偶合常数的大小与外磁场强度无关。由于磁核间的偶合作用是通过化学键成键电子传递的，因而偶合常数的大小主要与互相偶合的 2 个磁核间的化学键的数目及影响它们之间电子云分布的因素（如单键、双键、取代基的电负性、立体化学等）有关。

对于氢谱，根据偶合质子间相隔化学键的数目可分为同碳偶合（^2J）、邻碳偶合（^3J）和远程偶合（相隔 4 个以上的化学键）。一般通过偶数键的偶合常数（^2J、^4J）为负值，通过奇数键的偶合常数（^3J、^5J）为正值。

三、仪器与试剂

1. 仪器

Varian 400MHz 核磁共振仪。

核磁共振仪根据电磁波的来源，可分为连续波和脉冲-傅里叶变换两类；如按磁场产生的方式，可分为永久磁铁、电磁铁和超导磁体三种；也可按仪器固有频率不同，分为 90MHz、100MHz、200MHz、400MHz、500MHz、600MHz 等多种型号，一般频率越高，仪器分辨率越好。核磁共振谱仪主要由磁铁、射频振荡器和线圈、扫场发生器和线圈、射频接收器和线圈以及示波器和记录仪等部件组成，见图 3-4。

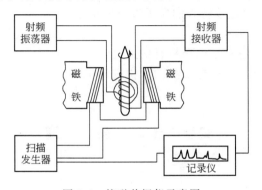

图 3-4　核磁共振仪示意图

2. 试剂

苯甲酸乙酯，氘代氯仿（$CDCl_3$）。

四、实验步骤

1. 样品的准备

测定核磁共振谱的样品应有足够的纯度，最好用其他方法鉴定样品的纯度，如沸点、折射率、熔点。必要时用蒸馏或重结晶等提纯样品。在测定前，样品最好在室温或低温（如果样品不稳定）减压干燥 10h 左右，以除去样品中的水或其他低分子量杂质。

将样品配成溶液装在内径为 5mm、长 200mm 的核磁样品管中，体积大约 0.5mL。所用的溶剂本身必须是不含 H 质子，氘代氯仿（$CDCl_3$）是最常用的溶剂，其他的氘代试剂有：CD_2Cl_2、$(CD_3)_2SO$、$(CD_3)_2CO$、C_6D_6、D_2O 等。液体样品也可直接装入样品管。

2. 核磁共振谱的测定

将样品管插入转子内，转子放入量规中，将样品管插至量规的底部。样品管在转子内松紧要适度，样品管在转子上卡住而不会下移，更不会掉下。如样品管掉下落入核磁共振仪内部会造成核磁共振仪损坏。样品管上不能带有磁性的金属，如铁丝等。

在仪器操作界面上点击 "eject sample"，此时抬升样品管的气流从匀场线圈的腔体中吹出，将原有样品管抬出，样品管及转子处于悬浮状态。取出原样品管及转子，慢慢放入新样品管及转子，此时样品管及转子悬浮在进样口。在仪器操作界面上点击 "insert sample"，悬浮的样品管自动落入匀场线圈的腔体中。

按测定要求进行设置，如测定氢谱还是碳谱[1]，信号采集次数，所用的氘代溶剂等，进行匀场操作，最后锁场，进行谱图测定。

测定完毕，保存图谱，点击 "eject sample" 弹出样品管。

3. 实验内容

用氘代氯仿做溶剂，测苯甲酸乙酯的核磁共振氢谱，与标准谱图比较，并对所得谱图进行解析[2]。

五、注释

[1] 核磁共振还可对 ^{13}C、^{19}F、^{31}P、^{11}B、^{17}O 等测定。

[2] 测得的 ^1H-NMR 谱图可提供下面三条重要信息：

（1）吸收峰的位置（即化学位移）是由与质子相连的原子或原子团的性质决定的；

（2）由于与相邻质子的偶合，吸收峰可以被裂分成几个峰，由这些峰的数目和峰间距离可以鉴定相邻质子的数目和立体上的相互关系；

（3）吸收峰的面积与引起该吸收的质子数目成正比。

六、思考题

1. 什么是化学位移？它对结构分析有何意义？

2. 使用核磁共振谱分析有机化合物的结构有何优点？

实验二十二　质　　谱

【预习提示】

1. 预习烷烃化学键裂解的知识。

2. 预习质谱仪的基本知识。

一、实验目的

1. 了解质谱的基本原理。

2. 了解质谱仪的工作原理和一般应用。

二、实验原理

质谱法（mass spectrometry，MS）是在高真空系统中测定样品的分子离子及碎片离子质量，以确定样品分子量及分子结构的方法。研究质谱法及样品在质谱测定中的电离方式、裂解规律以及质谱图特征的科学称为质谱学。在鉴定有机物的四大重要工具，核磁共振（NMR）、质谱（MS）、红外光谱（IR）、紫外光谱（UV）中，质谱法是灵敏度最高（可达 $10^{-15}\,mol$），也是唯一可以确定分子式的方法（测定精度达 10^{-4}）。

目前电子轰击质谱能够提供有机化合物最丰富的结构信息并具有较好的重现性。以 EI（电子轰击电离）为电离源、扇形磁场为分析器的质谱仪仍然是最为广泛应用的有机质谱仪。使用 EI 源使样品离子化的方法是在 $10^{-5}\,Pa$ 的真空下，以 $50\sim100\,eV$（常用 $70\,eV$）能量的电子轰击被测分子，并使所产生的正离子经电场加速进入质量分析器。

离子在电场中经加速后，其动能与位能相等，

$$mv^2/2 = zV$$

式中，m 为离子质量；v 为离子的速率；z 为离子所带的电荷数；V 为离子的加速电压。

扇形磁场质量分析器由一个可变磁场构成。不同质量的离子进入磁场后，将以各自质量与所带电荷之比（m/z，简称质荷比）按不同的曲率半径做曲线运动（改变加速电压 V，离子运动的曲率半径也随之发生改变），离子在磁场中所受的向心力（Bzv）和离心力（mv^2/r）相等，即

$$Bzv = mv^2/r$$

式中，B 为磁场强度；r 为离子运动的半径；z、v、m 分别为离子所带电荷、离子速率和离子质量。

合并上述两式可得

$$r = 1/B \times (2mV/z)^{1/2}$$

在质谱仪中，r 是固定的，质谱分析通常采用固定加速电压 V，改变磁场强度 B，即采用磁场扫描来进行。相同 m/z 值的离子汇聚成粒子束，不同 m/z 值的粒子束将在磁扫描的作用下先后通过离子收集器狭缝，进入检测系统。各种不同质量的离子束在检测系统中所产生的信号强度与该质量的离子数目的大小成正比。

1. 质谱术语及质谱中的离子

不同质荷比的离子经质量分析器分开，而后被检测、记录下的谱图称为质谱。质谱图是以质荷比（m/z）为横坐标，以离子峰的相对丰度为纵坐标。质谱法在有机化合物结构鉴定中可以给出化合物的分子量和分子式。

（1）质谱术语

基峰：质谱图中离子强度最大的峰，规定其相对强度（相对丰度）为100。

质荷比：离子的质量与所带电荷数之比，m/z。m 为组成离子的各元素同位素原子核的质子数目和中子数目之和；z 为离子所带电荷数目。

精确质量低分辨质谱中离子的质量为整数，高分辨质谱给出分子离子或碎片离子的精确质量，其有效数字视质谱仪的分辨率而定。

（2）质谱中的离子

分子离子：由样品分子丢失一个电子而生成的离子，记作 $M^{+\cdot}$。$z=1$ 的分子离子的 m/z 就是该分子的分子量。分子离子是质谱中所有离子的起源，它在质谱图中所对应的峰为分子离子峰。

碎片离子：广义的碎片离子是由分子离子裂解而产生的。大的碎片离子也可产生小的碎片离子。

重排离子：经过重排反应产生的离子，其结构并非原分子中所有。在重排反应中，化学键的断裂和生成同时发生，丢失中性分子或碎片。

奇电子离子和偶电子离子：带有未配对电子的离子为奇电子离子，如 $M^{+\cdot}$，$A^{+\cdot}$。无未配对电子的离子为偶电子离子，如 D^{+}，C^{+}。分子离子是奇电子离子。在质谱解析中，奇电子离子较为重要。

多电荷离子：一个分子丢失一个以上电子所形成的离子称多电荷离子。在正常电离条件下，有机化合物只产生单电荷或双电荷离子。在质谱图中，双电荷离子出现在单电荷离子的 1/2 质量处。双电荷离子仅存在于稳定的结构中，如蒽醌，$m/z=180$ 为由 $M^{+\cdot}$ 丢失 CO 的离子峰；$m/z=90$ 为该离子的双电荷离子峰。

准分子离子：采用化学电离法，常得到比分子量多（或少）1 个质量单位的离子称准分子离子。如 $(M+H)^{+}$、$(M-H)^{+}$。

亚稳离子：从电离源出口到达检测器途中会发生裂解的离子称亚稳离子。

2. 质谱法中的氮规则

组成有机化合物的大多数元素，就其天然丰度高的同位素而言，偶数质量的元素具有偶数化合价（如 ^{12}C 为 4 价，^{16}O 为 2 价），奇数质量的元素具有奇数化合价（如 ^{1}H、^{35}Cl 为 1 价，^{31}P 为 3 价、5 价）。只有 ^{14}N 反常，质量数是偶数（14），而化合价是奇数（3 价，5 价）。由此得出以下称之为氮规则的规律：在有机化合物中，不含氮或含偶数氮的化合物，分子离子的质荷比一定为偶数，含奇数氮原子的化合物分子离子的质荷比一定为奇数。反过来说，质荷比为偶数的分子离子峰，不含氮或含偶数个氮。

三、仪器与试剂

1. 仪器

Trace DSQ Ⅱ 气相色谱/质谱联用仪[1]。

质谱仪[2] 由以下几部分组成：进样系统、电离源、质量分析器、检测器、计算机控制系统和真空系统（见图 3-5）。其中，电离源是将样品分子电离生成离子的装置，也是质谱仪最主要的组成部件之一。质量分析器是使离子按不同质荷比大小进行分离的装置，是质谱仪的核心。各种不同类型的质谱仪最主要的区别通常在于电离源和质量分析器。常见电离源的种类包括：

（1）电子轰击源（electron impact，EI） EI 电离源使用具有一定能量的电子直接轰击样品而使样品分子电离。这种电离源能电离挥发性化合物、气体和金属蒸气，是质谱仪中广泛采用的一种电离源，EI 源要求固、液态样品气化后再进入电离源，因此不适合难挥发和热不稳定的样品。

（2）快原子轰击源（fast atom bombardment，FAB） FAB 电离源特别适合分析高极性、大分子量、难挥发和热稳定性差的样品，且既能够得到强的分子离子或准分子离子峰，又能够得到较多的碎片离子峰，其电离方式是使用具有一定能量的中性原子（通常是惰性原子）束轰击负载于液体基质上的样品而使样品分子电离。该电离源的主要缺点是 400 以下质量范围内有基质干扰峰，对非极性化合物测定不灵敏。

（3）化学电离源（chemical ionization，CI）　CI 电离源通过气体分子所产生的活性反应离子与样品分子发生离子-分子反应而使样品分子电离，其优点是能够得到强的准分子离子峰，碎片离子较少，灵敏度比快原子轰击电离源高，但化学电离源也必须首先使样品气化，然后再电离，因此不能测定热不稳定和难挥发的化合物。

（4）电喷雾电离源（electron spray ionization，ESI）　ESI 电离源使用强静电场电离技术使样品形成高度荷电的雾状小液滴从而使样品分子电离。电喷雾电离是很软的电离方法，通常只产生完整的分子离子峰而没有碎片离子峰，这种电离分析小分子通常得到带单电荷的准分子离子，分析生物大分子时，由于能产生多电荷离子，可使仪器检测的质量范围提高几十倍甚至更高。电喷雾电离源易与液相色谱和毛细管电泳联用，实现对多组分复杂体系的分析。

（5）基质辅助激光解吸电离源（matrix assisted laser desorption ionization，MALDI）　通过激光束照射样品溶液与基质溶液的混合物，挥发溶剂后样品与基质形成晶体或半晶体，基质分子能有效地吸收激光的能量，使基质分子和样品分子投射到气相并得到电离。基质辅助激光解吸电离适合测定热不稳定、难挥发、难电离的生物大分子以及研究测定一些合成寡聚物或高聚物，这种电离也属于软电离方法，产生完整的分子离子而无明显的碎片离子，因此可直接分析多组分体系。

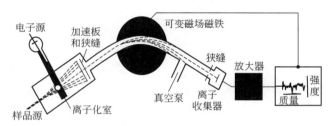

图 3-5　质谱仪的结构示意

另外，常见的质量分析器种类有扇形磁场、四极杆分析器、离子阱、飞行时间质量分析器、傅里叶变换离子回旋共振等。

其中，以 EI 为电离源、扇形磁场为分析器的质谱仪能够提供有机化合物最丰富的结构信息并具有较好的重现性，是目前最为广泛应用的有机质谱仪，其结构示意图如图 3-5。

2. 试剂

分析纯乙醇、正己烷、丙酮、乙醚、甲醇。

四、实验步骤

1. 操作步骤

依次开启氦气（0.4～0.5MPa）、计算机电源、GC 电源、MS 电源。启动计算机桌面的 Tune 程序，开始抽真空。点击 Xcalibur 工作站，设定气相色谱条件：选定色谱柱，进样口温度，柱箱温度，传输线温度，载气流量、压力，进样量，分流比等；质谱条件：电离方式和条件、电离源温度、数据采集模式（全扫描和选择离子监测）和范围，保存编辑方法。

用样品洗注射器 5～10 次，每次 0.2～1μL。在电脑上调用上述编辑好的方法，待色谱及质谱均为 "Waiting for Contact Closure" 时，从气相色谱进样口进样。按 "Start" 键，电脑自动采集数据。

2. 结果处理

根据质谱仪得到的重要碎片离子、重要的特征离子、分子离子进行可能结构的推测，结合谱库（NIST 或 WILEY 等）中标准图谱搜寻相应信息以提供化合物的可能结构。

3．实验内容

分别用分析纯乙醇、正己烷、丙酮、乙醚、甲醇作样品进行测定，将得到的质谱图进行解析，判断分子离子峰，推断样品的结构式，并与标准谱图比较。

五、注释

［1］有机质谱仪的发展很重要的一方面是与各种分析仪（如气相色谱、液相色谱或热分析仪等）的联合使用，如 GC-MS、HPLC-MS 等，即利用一种具有分离技术的仪器，作为质谱仪的"进样器"，将有机混合物分离成纯组分进入质谱仪。

［2］质谱仪的主要性能指标表现在灵敏度和分辨率上，在一定的质量数附近，分辨率越高，能够分辨的质量差越小，测定的质量精度越高。

六、思考题

1．用质谱仪分析化合物结构有哪些优点？

2．常用质谱仪中有哪几种电离源？各有何特点？

3．如何判断质谱图中的分子离子峰？

第四章　有机化合物的基本性质与官能团鉴定

实验二十三　烯、炔的性质与鉴定

【预习提示】

1. 预习烯烃、炔烃结构与性质的关系。
2. 预习烯烃、炔烃的制备与鉴别方法。

一、实验目的

1. 掌握用浓硫酸催化乙醇脱水制备乙烯的原理、方法。
2. 掌握用碳化钙制备乙炔的原理、方法。
3. 熟悉烯烃、炔烃的主要化学性质。
4. 掌握乙烯、乙炔的鉴别方法。

二、实验原理

1. 乙烯的制备[1]

实验室常用乙醇和浓酸（硫酸、磷酸等）一起加热，使乙醇脱去一分子水得到乙烯。浓硫酸起催化剂和脱水剂的作用。

主反应：
$$CH_3CH_2OH \xrightarrow[170℃]{浓 H_2SO_4} CH_2{=\!=}CH_2 + H_2O$$

副反应：
$$2CH_3CH_2OH \xrightarrow[140℃]{浓 H_2SO_4} CH_3CH_2OCH_2CH_3 + H_2O$$

2. 乙炔的制备

实验室常采用电石（碳化钙）与水反应，生成乙炔和氢氧化钙。
$$CaC_2 + 2H_2O \longrightarrow CH{\equiv}CH + Ca(OH)_2$$

3. 烯烃和炔烃分子中含有碳-碳双键或叁键，易发生加成和氧化反应。烯烃和炔烃可以与溴发生加成反应，使溴的红棕色消失；当两者被酸性高锰酸钾溶液氧化时，使紫红色的高锰酸钾溶液褪色生成棕褐色的二氧化锰沉淀。

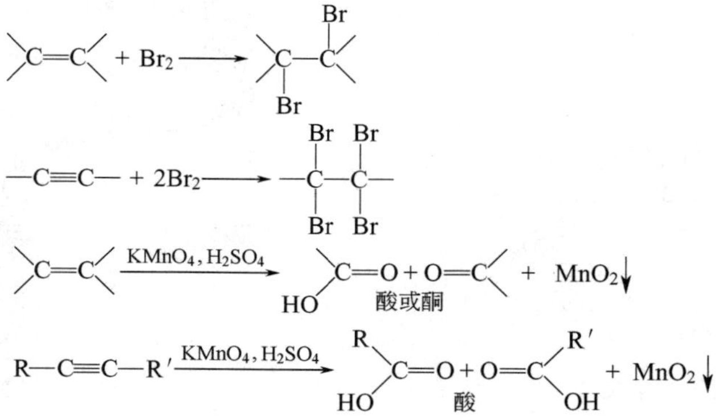

与 $AgNO_3$ 或 Cu_2Cl_2 的氨溶液分别生成白色、砖红色沉淀的性质可用于鉴别端基炔烃（RC≡CH），反应式如下：

$$R-C\equiv C-H \xrightarrow{Ag^+（或Cu^+）} R-C\equiv C-Ag\downarrow（或 R-C\equiv C-Cu\downarrow）$$

三、仪器与试剂

1. 仪器

100mL 带支管圆底烧瓶、酒精灯、洗气瓶、恒压滴液漏斗、温度计、U 形管、试管、乳胶管、弹簧夹等。

2. 试剂

浓硫酸、95％乙醇、10％硫酸、10％氢氧化钠溶液、2％溴的四氯化碳溶液、1％高锰酸钾溶液、电石（碳化钙）、2％氨水、饱和氯化钠溶液、10％硫酸铜溶液、2％硝酸银溶液、氯化亚铜氨溶液、20％盐酸羟胺溶液。

四、实验步骤

1. 乙烯的制备

按照图 4-1 安装仪器，并检查气密性。在圆底烧瓶中加入 5mL 95％乙醇，边摇动边缓慢加入 15mL 浓硫酸，再加入几粒沸石[2]，装上带温度计的塞子，温度计的水银球应浸入溶液液面以下。在洗气瓶中加入 7mL 10％氢氧化钠溶液[3]，用来洗涤反应中产生的杂质气体。开始需用大火加热，当温度升高至 160℃后，再用小火加热，使反应液温度控制在 160～170℃[4]，即可产生乙烯气体。实验结束时，先将导管从水中取出，再移走酒精灯，防止倒吸现象。

2. 乙烯的性质

（1）加成反应 在一支试管中加入 2mL 2％溴的四氯化碳溶液，并通入生成的乙烯气体，观察试管中溶液的颜色变化，解释原因。

（2）氧化反应 在一支试管中加入 6 滴 1％高锰酸钾溶液及 2mL 10％硫酸，然后通入生成的乙烯气体，观察试管中溶液的变化，解释原因。

（3）点燃实验 在尖嘴导管口点燃乙烯气体，观察燃烧的情况和火焰的颜色，然后用盛有冷水的试管套在导管口熄灭火焰。

3. 乙炔的制备[5]

在干燥的 100mL 圆底烧瓶中加入 5g 电石（碳化钙），装上恒压滴液漏斗[6]，在恒压滴液漏斗中加入 40mL 饱和氯化钠溶液[7]。圆底烧瓶的支管连接盛有 10％硫酸铜溶液[8] 的洗气装置，装置如图 4-2 所示。旋开恒压滴液漏斗的活塞，使饱和氯化钠溶液缓慢滴入圆底烧

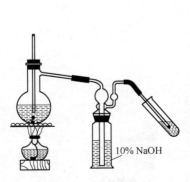

图 4-1 乙烯制备装置

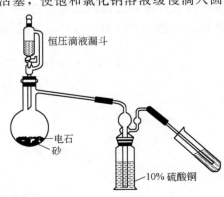

图 4-2 乙炔制备装置

瓶中，此时有乙炔气体产生。

4. 乙炔的性质

（1）加成反应　在一支试管中加入 2mL 2％溴的四氯化碳溶液，然后通入生成的乙炔气体，观察试管中溶液的颜色变化，并和乙烯发生该反应的快慢作比较，解释原因。

（2）氧化反应　在一支试管中加入 6 滴 1％高锰酸钾溶液及 1mL 10％硫酸，然后通入生成的乙炔气体，观察试管中溶液的变化，并和乙烯发生该反应的快慢作比较，解释原因。

（3）金属炔化物的生成[9]　取 2 支试管，其中一支试管中加入 3mL 硝酸银的氨溶液，另一支试管中加入 3mL 氯化亚铜的氨溶液和数滴盐酸羟胺溶液[10]，然后两试管的溶液中均通入生成的乙炔气体，观察溶液的变化，解释原因。

（4）点燃实验　在尖嘴导管口点燃乙炔气体，观察燃烧的情况和火焰的颜色，然后用盛有冷水的试管套在导管口熄灭火焰。

五、注释

[1] 实验室制备乙烯常用的方法除酸催化脱水外，还可以采用在 350～400℃下，醇在氧化铝或硅酸盐表面上脱水。

[2] 沸石可以防止反应液发生暴沸现象。若有硅藻土、无水硫酸铝等存在，可催化硫酸氢乙酯分解放出乙烯。

[3] 因为浓硫酸为强氧化剂，能将乙醇氧化成 CO、CO_2 等，同时，自身被还原成 SO_2。这些气体与乙烯一起出来，将它们通过氢氧化钠溶液可除去 CO_2 和 SO_2 等。虽然还有 CO 存在，但其与溴和高锰酸钾溶液均不反应，故不影响实验。

[4] 反应过程中产生的硫酸氢乙酯与乙醇在 170℃分解生成乙烯，但是在 140℃时会生成乙醚，因此实验中要求迅速升温至 160℃以上，这样就大大减小了乙醚生成的机会。

[5] 本实验采用电石（碳化钙）和水反应制备乙炔，以前这是工业生产乙炔的唯一方法，即用焦炭和氧化钙经电弧加热至 2200℃，制成碳化钙，然后再与水反应，生成乙炔和氢氧化钙。现在常用制备乙炔的方法是甲烷法（电弧法）和等离子法。

[6] 使用恒压滴液漏斗，可保持反应器和漏斗中的压力平衡，保证饱和氯化钠溶液顺利加入。

[7] 当水加入电石中时，反应进行得很剧烈，用饱和氯化钠溶液可以使反应平稳而均匀地产生乙炔气流。

[8] 工业品碳化钙中含硫化钙、磷化钙和砷化钙等杂质，它们与水作用时产生硫化氢、磷化氢和砷化氢等气体夹杂在乙炔中，使其带有恶臭味，同时硫化氢的存在会影响乙炔银、乙炔亚铜的生成和颜色，因此提前用硫酸铜溶液把这些杂质气体除去。

[9] 生成的乙炔银和乙炔亚铜在干燥的条件下受到震动或受热极易发生爆炸。为了防止爆炸发生，实验完毕，应立即加入稀硝酸或稀盐酸与乙炔银和乙炔亚铜反应并销毁。

[10] 氯化亚铜氨溶液中的 Cu^+ 很容易被空气中的氧氧化成 Cu^{2+}，此时试剂呈蓝色，将影响生成的乙炔亚铜红色沉淀，试验前先加入 20％的盐酸羟胺（一种强还原剂），可以使 Cu^{2+} 还原成 Cu^+，蓝色褪去，再马上做乙炔性质实验。

六、思考题

1. 浓硫酸催化乙醇脱水制备乙烯时，可能产生有哪些杂质气体？对实验有何影响？
2. 乙烯的制备过程中应注意哪些问题？如果不迅速升高温度会有什么影响？
3. 用电石制备乙炔应注意哪些问题？制备的乙炔常带有臭味，如何除去？
4. 比较乙烯和乙炔加成、氧化反应速率的不同，能说明什么问题？

5. 设计甲烷、乙烯和乙炔的化学鉴别方法。

实验二十四　卤代烃的性质及鉴定

【预习提示】

1. 预习卤代烃的亲核取代反应和反应机理、卤代烃的消除反应。
2. 预习伯、仲、叔卤代烃以及烯丙型、隔离型、乙烯型卤代烃亲核取代反应活性区别。
3. 预习 RCl、RBr、RI 的亲核取代反应活性区别。

一、实验目的

1. 认识不同烃基结构、不同卤原子对亲核取代反应速率的影响。
2. 掌握卤代烃的鉴定方法。

二、实验原理

卤代烃发生的主要反应有亲核取代反应和消除反应。亲核取代反应可用下列通式表示：

$$RX^- + Nu^- \longrightarrow RNu + X^- （Nu^- 为亲核试剂）$$

在卤代烃的亲核取代反应中，因卤代烃的结构、亲核试剂的强弱和反应条件不同，其反应历程有单分子亲核取代反应（S_N1）和双分子亲核取代反应（S_N2）两种。一般情况下，两种不同的反应历程处于竞争状态。通常溶剂化效应强的卤代烃有利于按单分子亲核取代反应进行；亲核试剂的亲核能力越强越有利于按双分子亲核取代反应历程进行。当其他反应条件相同，卤代烃结构不同时，亲核取代反应活性顺序如下：

S_N1 历程　　　　　叔卤代烃（3°）＞仲卤代烃（2°）＞伯卤代烃（1°）
S_N2 历程　　　　　伯卤代烃（1°）＞仲卤代烃（2°）＞叔卤代烃（3°）

在烃基结构相同而卤素不同时表现出不同的反应活性，活性顺序为：RI＞RBr＞RCl。

卤代烯烃或卤代芳烃的亲核取代反应活性顺序为：烯丙型＞隔离型＞乙烯型。

卤代烃和硝酸银的乙醇溶液发生取代反应，生成卤化银沉淀，常常用来鉴别不同结构的卤代烃。

卤代烃与碱的醇溶液共热发生消除反应，脱去卤化氢等小分子并生成不饱和烃。

卤代烃在铜丝上燃烧时能产生绿色火焰，此试验称为拜耳斯坦（Beilstein）试验，这是鉴别卤素存在的一种简便方法。

三、仪器与试剂

1. 仪器

试管、水浴锅、酒精灯、玻璃棒等。

2. 试剂

2％硝酸银乙醇溶液、1-氯丁烷、2-氯丁烷、2-甲基-2-氯丙烷、1-溴丁烷、1-碘丁烷、5％氢氧化钠溶液、10％硝酸、1％硝酸银、15％碘化钠丙酮溶液、2-溴丁烷、2-甲基-2-溴丙烷、溴苯、苄溴（苯溴甲烷）、氢氧化钾、乙醇、溴乙烷、溴水、铜丝。

四、实验步骤

1. 与硝酸银乙醇溶液的反应[1]

（1）取三支试管，各加入 1mL 2％硝酸银乙醇溶液[2]，然后分别加入 2～3 滴 1-氯丁烷、2-氯丁烷、2-甲基-2-氯丙烷，振荡试管观察有无沉淀析出。必要时可在沸水浴中加热后再观察。比较三种卤代烃的活性。

（2）取三支试管，各加入 1mL 2％硝酸银乙醇溶液，然后分别加入 2～3 滴 1-氯丁烷、1-溴丁烷、1-碘丁烷，振荡试管观察有无沉淀析出。必要时在沸水浴中加热后再观察。比较三种卤代烃的活性。

2. 与稀碱反应

（1）取三支试管，各加入 10～15 滴 1-氯丁烷、2-氯丁烷、2-甲基-2-氯丙烷[3]，再分别加入 1～2mL 5％氢氧化钠溶液，充分振荡后静置，小心取水层数滴加入同体积的 10％硝酸酸化，然后加入 1％硝酸银溶液 1～2 滴，观察现象。若无沉淀生成可在水浴中小心加热后再检验。比较三种氯代烃的活性。

（2）取三支试管，各加入 10～15 滴 1-氯丁烷、1-溴丁烷、1-碘丁烷[3]，再分别加入 1～2mL 5％氢氧化钠溶液，振荡后静置，小心取水层数滴，用等体积的 10％硝酸酸化后，加 1％硝酸银溶液 1～2 滴，观察现象。比较三种卤代烃的活性。

3. 与碘化钠丙酮溶液反应[4]

取五支试管，依次编号，各加入 1～2mL 15％碘化钠丙酮溶液，再分别加入 2 滴 1-溴丁烷、2-溴丁烷、2-甲基-2-溴丙烷、溴苯、苄溴，混匀，观察现象。记下出现沉淀的时间[5]。必要时将试管置于 60～70℃水浴中加热片刻，记录沉淀时间；没有产生沉淀的，请说明原因。

4. 卤代烃的消除反应

在试管中加入 1g 氢氧化钾固体、4～5mL 乙醇，微微加热，当氢氧化钾固体全部溶解后，再加入 1mL 溴乙烷，振摇混匀，塞上带有导管的塞子，导管另一端插入盛有溴水的试管中。观察盛溴水的试管中溶液的颜色变化，并说明原因。

5. 拜耳斯坦（Beilstein）铜丝试验

取一根长约 25cm 的铜丝，将其一端在玻璃棒上卷成螺旋形，另一端系在玻璃棒上，将螺旋部分在灯焰上灼烧至不显绿色。冷却后，用铜丝圈蘸少量卤代烃样品，放在火焰上灼烧，若火焰为绿色，则可能有卤素存在。

五、注释

[1] 此反应主要为 S_N1 历程。

[2] 在 18～20℃时，硝酸银在无水乙醇中的溶解度为 2.1g，由于卤代烃能溶于乙醇而不溶于水，所以用乙醇作溶剂，能使反应处于均相，有利于反应顺利进行。

[3] 当一卤代烷的烃基碳数小于等于 4 时，氯代烷相对密度小于 1，溴代和碘代烷相对密度大于 1。

[4] 此反应主要为 S_N2 反应。本实验可以作为硝酸银乙醇溶液实验的补充，两个反应同时做，可以更准确地判断卤代烃的结构。本实验仅限于氯代烷和溴代烷。

[5] 由于碘化钠溶于丙酮，而反应生成的溴化钠和氯化钠不溶于丙酮而析出，所以本实验也可以用于鉴别氯代烃和溴代烃。

六、思考题

1. 为什么在不同反应中，卤原子的活性总是碘＞溴＞氯？

2. 卤代烃与硝酸银乙醇溶液的反应中，不同烃基的活性总是 3°＞2°＞1°，为什么？实验中可否用硝酸银的水溶液代替硝酸银的乙醇溶液？为什么？

3. 苄氯和氯苯中氯原子的活性大小如何，为什么？

实验二十五　醇、酚的性质及鉴定

【预习提示】

1. 预习醇与卢卡斯试剂、硝酸铈铵试剂反应的原理；多元醇与氢氧化铜反应的原理。

2. 预习酚的特征反应。

一、实验目的

1. 熟悉醇、酚的一般性质。

2. 掌握醇、酚的特征反应和鉴定方法。

二、实验原理

羟基是醇类化合物的官能团，醇类可发生取代、消去、氧化等反应。羟基具有活泼氢，能与金属钠作用放出氢气，也能和酸、酸酐、酰氯等作用生成酯。含 3～6 个碳原子的醇可溶解在饱和氯化锌-浓盐酸的溶液即卢卡斯（Lucas）试剂中，随后发生反应生成不溶性的卤代烷，因而出现浑浊或分层。

$$\mathrm{ROH}+\mathrm{HCl}\xrightarrow[25\sim30^\circ\mathrm{C}]{\mathrm{ZnCl_2}}\mathrm{RCl}+\mathrm{H_2O}$$

伯、仲、叔醇与卢卡斯（Lucas）试剂反应的速度明显不同，叔醇最快，仲醇次之，伯醇常温下不起反应，加热后会慢慢变浑浊，因此可用卢卡斯试剂鉴别低级的伯、仲、叔醇。含 6 个碳原子以上的醇类不溶于卢卡斯试剂，故不能用此法检验；而甲醇和乙醇由于生成相应挥发性强的氯代烷，故此法也不适用。

具有 $CH_3CH(OH)R$ 结构的醇能与次碘酸钠作用生成碘仿沉淀，这一反应称为碘仿反应，可以用来区别其他醇[1]。

低级的醇能与硝酸铈铵试剂作用，生成红色或琥珀色配合物，此反应可用来鉴别化合物中是否含有醇羟基[2]。

多元醇（乙二醇和甘油等）能够在碱性环境下与 $CuSO_4$ 溶液作用生成深蓝色的络合物。

酚类化合物也具有弱酸性，但比醇的酸性强，能与强碱作用生成酚盐而溶于水，但通入 CO_2 或加入无机酸又可使酚游离出来。大多数酚与三氯化铁有特殊的颜色反应，形成紫色、粉红色或绿色的配合物[3]。如：

6

$$+\mathrm{FeCl_3}\rightleftharpoons[\mathrm{Fe(OC_6H_5)_6}]^{3-}+6\mathrm{H^+}+3\mathrm{Cl^-}$$

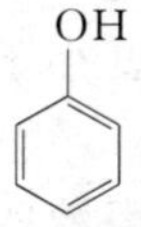

酚羟基直接与苯环相连，使苯环活性增强，易于发生亲电取代反应，酚类能使溴水褪色，形成多溴苯酚沉淀而析出。

白色

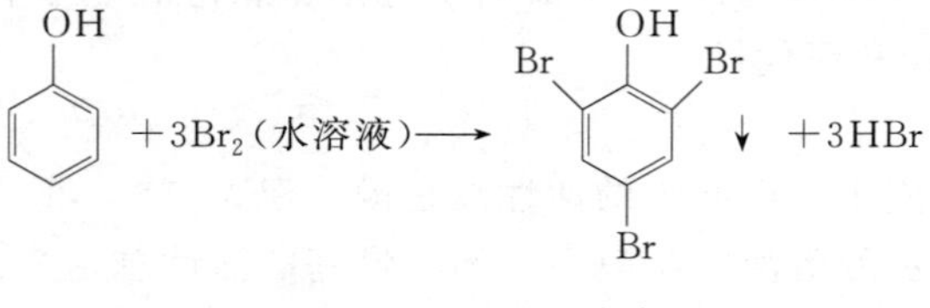

酚的活性高，很容易被氧化，高锰酸钾、重铬酸钾，甚至空气中的氧即可把酚氧化成苯醌。

三、仪器与试剂

1. 仪器

恒温水浴、试管等。

2. 试剂

金属钠、0.1%酚酞指示剂、卢卡斯试剂、硝酸铈铵溶液、5%硫酸铜溶液、10%氢氧化钠溶液、5%重铬酸钾溶液、浓硫酸、碘-碘化钾溶液、1%三氯化铁溶液、饱和溴水、5%碳酸氢钠溶液、0.5%高锰酸钾溶液、无水乙醇、正丁醇、仲丁醇、叔丁醇、异丙醇、甲醇、甘油、饱和苯酚溶液。

四、实验步骤

1. 醇的性质

(1) 醇钠的生成与水解　取一支干燥的试管，加入无水乙醇 1mL，再加入一粒用吸水纸吸去其表面煤油的金属钠（米粒大小），观察有何现象。待金属钠完全反应后，用吸管吸取 3～4 滴反应液于表面皿上，待液体挥发干后，留下白色固体，该固体是何物质？滴加 4～5 滴水使固体溶解，然后滴入 1 滴 0.1%酚酞指示剂，溶液会发生什么变化？

(2) 醇与卢卡斯试剂的反应[4]　取三支干燥的试管，分别加入 10 滴正丁醇、仲丁醇、叔丁醇，再各加入 1mL 卢卡斯试剂，振摇并观察现象，然后放入 35℃ 水浴中，继续观察现象，记下混合物变浑浊和出现分层的时间和顺序。

(3) 醇的氧化　取三支试管各加入 1mL 5%重铬酸钾溶液和 2 滴浓硫酸，摇匀并观察溶液颜色，然后分别加入 4 滴正丁醇、仲丁醇、叔丁醇，放置 1min 左右，观察各试管中颜色变化。

(4) 碘仿反应　取三支试管，各加入 1mL 水后分别加入 3～4 滴甲醇、无水乙醇、异丙醇，再各加入 1mL 10%氢氧化钠溶液，然后滴加碘-碘化钾溶液至溶液呈浅黄色，振荡后放在温水浴中加热，观察黄色沉淀的生成，并说明原因。

(5) 醇与硝酸铈铵溶液反应　取两支试管，分别加入乙醇和甘油，溶解于 2mL 水中制成溶液，再加入 0.5mL 硝酸铈铵溶液，摇匀后观察试管中的颜色变化。

(6) 醇与氢氧化铜的反应　取两支试管，各加入 3 滴 5%的硫酸铜溶液和 3 滴 10%的氢氧化钠溶液，摇匀后观察现象。然后分别加入 5 滴无水乙醇和甘油，摇匀后观察现象。

2. 酚的性质

(1) 酚的弱酸性　取一支试管加入 1mL 水和 1 滴 10%的氢氧化钠溶液，再加入 1 滴 0.1%酚酞指示剂。摇匀后，逐滴加入饱和苯酚溶液，观察颜色变化情况。

(2) 酚与三氯化铁的反应　取一支试管加入 1mL 饱和苯酚溶液，再加入 2 滴 1%的三氯化铁溶液摇匀，观察颜色变化。

(3) 酚与溴水的反应　取一支试管加入 1 滴饱和苯酚溶液和 1mL 水，摇匀后再加 2 滴饱和溴水，观察现象。

(4) 酚的氧化　取一支试管依次加入 1mL 饱和苯酚溶液、4 滴 5%的碳酸氢钠溶液和 5 滴 0.5%的高锰酸钾溶液，摇匀后观察现象。

3. 醇、酚的定性鉴定

根据醇、酚的性质试设计以下几组有机物的鉴定方案并试验之。

(1) 甲醇、乙醇 　　　　　　　　(2) 乙醇、甘油

(3) 正丁醇、仲丁醇、叔丁醇 　　(4) 乙醇、苯酚

五、注释

[1] 含有 $CH_3\overset{O}{\overset{\|}{C}}-$ 基团的化合物也会发生碘仿反应，具有 $CH_3CH(OH)R$ 结构的醇之所

以能发生此反应，是因为它们可被次碘酸钠氧化生成含有 CH_3CO 基团的化合物。碘仿反应中用到的次碘酸钠在实验中是由碘与碱制得。

$$I_2 + 2NaOH \rightleftharpoons NaI + NaIO + H_2O$$

[2] 只有含 10 个碳以下的醇可以发生此类反应，因此只能用来鉴别小分子醇类化合物。

[3] 一般烯醇类化合物也能与三氯化铁起颜色反应，多数为红紫色。但大多数硝基酚类、间羟基苯甲酸、对羟基苯甲酸不起颜色反应。某些酚类如 α-萘酚、β-萘酚等由于在水中溶解度很小，它们的水溶液与三氯化铁几乎不产生颜色反应。

[4] 卢卡斯试验中，所用试管必须干燥，否则会影响鉴别效果。

六、思考题

1. 在卢卡斯试验中，为什么要用饱和氯化锌的浓盐酸溶液，用其稀溶液行不行？为什么？

2. 为什么酚的酸性比醇的酸性强？

3. 苯酚的溴代反应极易进行，而苯的溴代反应较难进行，为什么？

实验二十六　醛、酮的性质及鉴定

【预习提示】

1. 预习醛、酮与羰基试剂、亚硫酸氢钠的反应。

2. 预习醛、酮与托伦试剂、斐林试剂、次碘酸钠的反应。

一、实验目的

1. 熟悉醛、酮的化学性质。

2. 掌握醛、酮的特征反应和鉴定方法。

二、实验原理

醛、酮的分子中都有羰基，主要化学性质是易于发生亲核加成反应，由于受到羰基的影响，醛、酮的 α-H 也表现出一定的活性。

醛、酮能与羰基试剂如 2,4-二硝基苯肼、羟胺、缩氨脲等发生作用而生成沉淀，用于检验醛或酮，其中 2,4-二硝基苯肼是较常使用的羰基试剂。醛、酮都能与 2,4-二硝基苯肼反应，生成黄色、橙色或橙红色的 2,4-二硝基苯腙，2,4-二硝基苯腙是有固定熔点的结晶，易从溶液中析出沉淀[1]。

在与饱和亚硫酸氢钠的反应中，由于受到空间位阻和电子效应的影响，只有醛、脂肪族甲基酮和八个碳原子以下的环酮能生成白色沉淀。

根据醛比酮易被氧化的性质，选用适当的氧化剂可加以区别。如托伦（Tollens）试剂，即银氨溶液。反应时醛被氧化成酸，银离子被还原成银附着在试管壁上，形成银镜。又如斐林（Fehling）试剂，即硫酸铜的铜离子和碱性酒石酸钾钠形成的深蓝色络离子溶液。反应中，铜的络离子被还原为红色的氧化亚铜沉淀，使蓝色消失，醛被氧化成酸。值得注意的是，芳香醛只能还原托伦试剂，与斐林试剂不发生反应。因此，结合使用以上两种试剂可将酮类、脂肪醛类和芳香醛类加以区分。

$$R-\overset{\overset{\displaystyle O}{\|}}{C}-H+2[Ag(NH_3)_2]^++2OH^-\longrightarrow R-\overset{\overset{\displaystyle O}{\|}}{C}-O^-+NH_4^++2Ag\downarrow+3NH_3+H_2O$$

$$R-\overset{\overset{\displaystyle O}{\|}}{C}-H+2Cu^{2+}+5OH^-\longrightarrow R-\overset{\overset{\displaystyle O}{\|}}{C}-O^-+Cu_2O\downarrow+3H_2O$$

次碘酸钠可与乙醛、甲基酮和某些可被氧化为乙醛、甲基酮的醇发生碘仿反应，生成黄色的碘仿沉淀，因此常用于鉴别含以上两基团的化合物。

$$R-\overset{\overset{\displaystyle O}{\|}}{C}-CH_3\xrightarrow[NaOH]{I_2}R-\overset{\overset{\displaystyle O}{\|}}{C}-CI_3\longrightarrow R-\overset{\overset{\displaystyle O}{\|}}{C}-O^-+CHI_3\downarrow$$

三、仪器与试剂

1. 仪器

恒温水浴、试管等。

2. 试剂

2,4-二硝基苯肼溶液、饱和亚硫酸氢钠溶液、斐林试剂 A、斐林试剂 B、3%硝酸银溶液、2%氨水、10%盐酸、氢氧化钠溶液（10%、5%）、碘-碘化钾溶液、甲醛、乙醛、丙酮、苯甲醛、苯乙酮。

四、实验步骤

1. 与 2,4-二硝基苯肼反应

取三支试管，各加入 1mL 水并分别加入 3 滴甲醛、乙醛、丙酮，然后再各加入 2 滴2,4-二硝基苯肼溶液，观察各试管现象。

2. 与饱和亚硫酸氢钠的加成[2]

取四支试管并编号，各加入 2mL 饱和亚硫酸氢钠溶液，再分别加入 6~8 滴乙醛、丙酮、苯甲醛、苯乙酮，边加边摇，观察有没有晶体析出。如果没有，可在冰水浴中冷却几分钟再观察。向有结晶析出的试管中加入少量水、10%盐酸或 5%氢氧化钠溶液，观察有何变化。

3. 与斐林试剂反应

取四支试管并编号，各加入斐林试剂 A、斐林试剂 B 各 10 滴，摇匀后分别加入 4 滴甲醛、乙醛、丙酮、苯甲醛，并置于温水浴中加热，观察各试管现象。

4. 与托伦试剂反应[3]

取一支洁净的试管，加入 2mL 3%的硝酸银溶液和 2 滴 10%的氢氧化钠溶液，观察沉淀的生成。在振摇下逐滴加入 2%的氨水至沉淀刚好溶解为止，即得到托伦试剂。另取四支洁净的试管并编号，将以上制得的溶液分为四份，再分别加入甲醛、乙醛、丙酮、苯甲醛各 4 滴，摇匀后置于 50~60℃的水浴中加热，加热时不要振摇试管，观察各试管现象。

5. 碘仿反应

取四支试管并编号，分别加入 4 滴甲醛、乙醛、丙酮、苯乙酮，再各加入 1mL 碘-碘化钾溶液，振摇下再逐滴加入 10%的氢氧化钠溶液至红色消失为止，摇匀后观察现象。

6. 试设计一种鉴别甲醛、乙醛、丙酮、苯甲醛的实验方案并进行试验。

五、注释

[1] 析出晶体的颜色常和醛、酮分子中的共轭与否有关，共轭酮生成橙色至红色沉淀，非共轭的酮生成黄色沉淀，具有长共轭链的羰基化合物则生成红色沉淀。

[2] 醛、酮与亚硫酸氢钠的反应是可逆的，生成的 α-羟基磺酸钠遇稀酸或稀碱即可分解成原来的醛、酮。此反应可用于醛、酮的分离和纯化。

［3］托伦试验所用试管必须十分洁净，否则正性反应也不能形成银镜，而只能析出黑色的沉淀。试管可依次用浓硝酸、水、蒸馏水洗涤干净。

六、思考题

1. 所有的醛、酮都能与饱和亚硫酸氢钠发生加成反应吗？为什么？

2. 为什么具有 $CH_3CH(OH)R$ 结构的醇也能发生碘仿反应？能否用溴仿反应或氯仿反应定性鉴定甲基酮？

实验二十七　羧酸及其衍生物的性质及鉴定

【预习提示】

1. 预习羧酸的化学性质。

2. 预习羧酸衍生物和油脂的化学性质。

一、实验目的

1. 掌握羧酸及其衍生物的主要化学性质。

2. 了解肥皂的制备原理及肥皂的性质。

二、实验原理

羧酸具有酸性，能与强碱作用生成盐；在一定条件下能与醇反应生成酯；某些羧酸在一定条件下发生脱羧反应，例如草酸加热到 150℃ 以上即分解为甲酸和二氧化碳。

羧酸衍生物包括酰卤、酸酐、酯和酰胺，其主要化学性质是可以发生水解、醇解、氨解等反应，并且相同条件下此类反应的活性顺序为酰卤＞酸酐＞酯＞酰胺。两分子羧酸发生缩合反应生成酸酐，某些二元酸分子内脱水也可以生成酸酐。酸酐化学性质较活泼，能与水发生水解反应生成相应的羧酸，与醇发生醇解反应生成相应的酯和羧酸，与胺发生氨解作用生成酰胺。后者在有机合成中常用于保护芳香氨基。乙酰卤和乙酸酐的水解方程式如下：

$$CH_3-\overset{O}{\overset{\|}{C}}-Cl + H_2O \longrightarrow CH_3-\overset{O}{\overset{\|}{C}}-OH + HCl$$

$$CH_3-\overset{O}{\overset{\|}{C}}-O-\overset{O}{\overset{\|}{C}}-CH_3 + H_2O \longrightarrow 2\,CH_3-\overset{O}{\overset{\|}{C}}-OH$$

羧酸分子中烃基上的氢被其他基团取代后的衍生物称为取代羧酸，如羟基酸、羰基酸、氨基酸等。

乙酰乙酸乙酯是 β-丁酮酸的酯类，分子中的亚甲基非常活泼，在水溶液中能发生酮式和烯醇式的互变。实际上，乙酰乙酸乙酯就是酮式和烯醇式两种异构体的混合物，两者的互变平衡方程式如下：

$$CH_3-\overset{O}{\overset{\|}{C}}-CH_2-\overset{O}{\overset{\|}{C}}-OCH_2CH_3 \rightleftharpoons CH_3-\overset{OH}{\overset{\|}{C}}=CH-\overset{O}{\overset{\|}{C}}-OCH_2CH_3$$

因此，它既具有酮的性质，如能与苯肼试剂、亚硫酸氢钠试剂等发生加成反应，又具有烯醇的性质，如能与三氯化铁发生显色反应，能与溴水加成等。

油脂是高级脂肪酸的甘油酯，油脂在碱性条件下水解，可制得肥皂。

三、仪器与试剂

1. 仪器

试管、水浴锅、锥形瓶、电热套等。

2. 试剂

甲酸、乙酸、草酸、硫酸、0.5%高锰酸钾溶液、苯甲酸、氢氧化钠溶液（10%、40%）、10%盐酸、无水乙醇、乙酰氯、乙酸酐、2%硝酸银溶液、20%碳酸钠溶液、氯化钠、苯胺、乙酰乙酸乙酯、5%三氯化铁溶液、饱和溴水、熟猪油、1%硫酸铜溶液、刚果红试纸、蒸馏水。

四、实验步骤

1. 酸性试验

将甲酸、乙酸各10滴及草酸0.5g分别溶于2mL蒸馏水中，然后用洁净的玻璃棒分别蘸取相应的试液在同一条刚果红试纸上画线，比较各线条的颜色和深浅程度。

2. 氧化反应

取三支洁净的试管，分别加入甲酸、乙酸和10%草酸溶液各5滴，然后再向每支试管中加入稀硫酸（与水体积比为1∶5）及0.5%高锰酸钾溶液各2滴，摇匀，加热，观察颜色变化并比较结果。

3. 成盐反应

取0.2g苯甲酸放入盛有1mL蒸馏水的试管中，加入几滴10%氢氧化钠溶液，充分振荡并观察现象，接着加入数滴10%盐酸，充分振荡并观察所发生的变化。

4. 酯化反应

取一支干燥的试管，加入无水乙醇、乙酸和浓硫酸各5滴，混合均匀，用棉花塞住管口，将试管放在60～70℃热水中加热10min，取出冷却，加入3mL蒸馏水，观察有无酯层出现，有什么气味？（若不分层，可以加入数滴10%氢氧化钠溶液[1]）

5. 酰氯和酸酐的性质

（1）水解作用 在试管中加入2mL蒸馏水，再加入数滴乙酰氯，观察反应现象。反应结束后在溶液中滴加数滴2%硝酸银溶液，观察反应现象。

（2）醇解作用 在一支干燥的试管中加入1mL无水乙醇，慢慢滴加1mL乙酰氯，同时用冷水冷却试管并不断振荡。反应结束后先加入1mL水，然后小心地用20%碳酸钠溶液中和反应液使之呈中性，即有一酯层浮在液面上，如果没有酯层出现，在溶液中加入粉状氯化钠[2]至溶液饱和为止，观察反应现象并闻其气味。

（3）氨解作用 在一支干燥小试管中加入新蒸馏过的淡黄色苯胺5滴，然后慢慢滴加乙酰氯8滴，待反应结束后再加入5mL蒸馏水并用玻璃棒搅匀，观察反应现象。

用乙酸酐代替乙酰氯重复做上述3个实验，并观察有何现象？若乙酸酐不溶解，可水浴加热。

6. 乙酰乙酸乙酯的互变异构

在洁净的试管中加入3mL蒸馏水，然后依次加入5滴乙酰乙酸乙酯、2滴5%三氯化铁溶液，摇匀，溶液呈紫红色，再加入2滴饱和溴水，紫红色褪去，为什么？放置片刻，紫红色又出现，这又是为什么？写出反应方程式。

7. 油脂的皂化反应

取一洁净的小锥形瓶，加入2g熟猪油，再加入10mL乙醇和5mL 40%氢氧化钠溶液，瓶口用玻塞塞住。用电热套加热并不断振荡，约10min后将样品倒入试管里，加入5～6mL蒸馏水，加热，如果样品完全溶解，没有油滴分出，则表示皂化完全。反之，继续加热直至皂化完全。冷却后，将已皂化完全的溶液倒入盛有20mL饱和氯化钠溶液的小烧杯中，边倒边搅拌。就会有一层肥皂浮在溶液表面（盐析作用），将析出的肥皂用布过滤拧干。

取盐析过肥皂的饱和氯化钠溶液 2mL，加入 40％氢氧化钠溶液数滴，然后滴加 1％硫酸铜溶液，观察有何现象发生。此现象证明有何物存在？

五、注释

［1］加氢氧化钠是为了中和未起反应的硫酸和乙酸，因为乙酸的刺激性气味影响对酯气味的鉴别，生成的酯在水中溶解度不大，混合液分层，上层为酯层，下层为水溶液。

［2］加粉状氯化钠是为了降低酯在水中的溶解度，使之易于分层。

六、思考题

1. 甲酸具有还原性，能与托伦试剂、斐林试剂进行反应，但为什么在上述两试剂中直接滴加甲酸，实验却难以成功？应采取什么措施才能使反应顺利进行？

2. 制肥皂时加入饱和氯化钠溶液起什么作用？说明原理。

实验二十八　含氮化合物的性质及鉴定

【预习提示】

1. 预习胺的化学性质。

2. 预习重氮盐的生成、偶联反应、缩二脲反应。

一、实验目的

1. 熟悉胺的主要化学性质。

2. 掌握用简单的化学方法区别伯、仲、叔胺。

3. 熟悉偶氮染料的生成、缩二脲的生成和缩二脲反应。

二、实验原理

胺是一类碱性有机化合物，可与酸作用生成盐。其大部分盐均溶于水，因而很容易从不溶于水的有机物，经与酸作用转变为水溶性盐来证明其碱性。溶于水的铵盐遇碱使胺游离出来。

伯胺和仲胺分子中氮原子上的氢原子能被酰基取代，生成相应的酰胺，而叔胺分子中氮原子上无氢原子，不能发生酰化反应。实际上，常用磺酰化［兴斯堡（Hinsberg）反应］的方法来鉴别和分离伯胺、仲胺和叔胺。苯胺（伯胺）和 N-甲基苯胺（仲胺）的磺酰化反应方程式如下：

均为白色沉淀

胺与亚硝酸的反应是胺的重要反应。不同类型的胺与亚硝酸发生反应，生成产物不同，现象也不同：脂肪伯胺和亚硝酸反应放出氮气；仲胺与亚硝酸反应生成难溶于水的中性黄色油状物或固体化合物；叔胺与亚硝酸作用生成盐；芳香伯胺与亚硝酸在小于 5℃ 时生成重氮盐，重氮盐在低温下稳定，加热时分解并放出氮气。胺与亚硝酸的反应也常用于鉴别伯胺、仲胺、叔胺。

芳香伯胺与亚硝酸生成的重氮盐在碱性或中性条件下可与芳香胺或酚类发生偶联反应，生成有色的偶氮化合物，偶联反应主要发生在芳香胺和酚类的邻、对位上，不同的芳香胺或酚类与重氮盐生成的偶氮化合物颜色不同。

尿素是碳酸的二酰胺，加热熔融后能发生缩合反应生成缩二脲并放出氨气，缩二脲在碱性溶液中与少量的硫酸铜溶液作用呈紫红色或紫色，这种颜色反应叫作缩二脲反应。凡分子中含有两个或两个以上酰胺键的化合物如多肽、蛋白质等都能发生缩二脲反应。

三、仪器与试剂

1. 仪器

试管、烧杯、水浴锅、电热套。

2. 试剂

苯胺、二苯胺、无水乙醇、N-甲基苯胺、N,N-二甲基苯胺、苯磺酰氯、丁胺、$6mol \cdot L^{-1}$盐酸、10％氢氧化钠溶液、30％硫酸溶液、10％亚硝酸钠溶液、β-萘酚、尿素、5％硫酸铜溶液。

四、实验步骤

1. 溶解度与碱性试验

(1) 取一支试管，加入 3～4 滴苯胺，再逐渐加入 1.5mL 蒸馏水，观察试样是否溶解。若冷水、热水均不溶，可逐渐加入 $6mol \cdot L^{-1}$ 盐酸数滴，观察现象，再逐渐滴加 10％氢氧化钠溶液，观察现象。

(2) 取一支试管，加入几粒二苯胺和 0.5mL 左右无水乙醇，振荡试管使二苯胺完全溶解。然后再加入 0.5mL 左右蒸馏水，充分振荡，观察现象；再滴加几滴浓盐酸，振荡，观察溶液是否变为透明，最后用水稀释，观察现象。

2. 兴斯堡（Hinsberg）试验

在三支试管中分别加入 2 滴苯胺、N-甲基苯胺、N,N-二甲基苯胺，再分别加入 3mL 10％氢氧化钠溶液及 3 滴苯磺酰氯，塞住试管口剧烈振荡。若反应过于剧烈，可用水冷却试管，若不起反应，则可用水浴加热（不可煮沸）至苯磺酰氯气味消失为止，观察现象：

(1) 溶液中无沉淀析出，但滴加盐酸酸化后析出沉淀，则为伯胺；

(2) 溶液中析出油状物或沉淀，滴加盐酸后不溶解，则为仲胺；

(3) 溶液中仍有油状物，加数滴浓盐酸后即可溶解，则为叔胺。

3. 亚硝酸试验

在三支大试管中分别加入 3 滴苯胺、N-甲基苯胺、丁胺和 2mL 30％硫酸溶液，混合均匀后在冰盐浴中冷却至 5℃ 以下。另取两支试管，分别加入 6mL 10％亚硝酸钠水溶液和 6mL 10％氢氧化钠溶液，并在氢氧化钠溶液中加入 0.1g β-萘酚，混匀后也置于冰盐浴中冷却。将冷却后的亚硝酸钠溶液在振荡下加入上述 3 支试管中并观察现象：在 5℃ 或低于 5℃ 时大量冒出气泡表明为丁胺；形成黄色油状液或固体沉淀的通常为 N-甲基苯胺；在 5℃ 时无气泡或仅有极少气泡冒出，取出一半溶液，让温度升至室温或在水浴中温热，注意有无气泡（氮气）冒出。向剩下的一半溶液中滴加 β-萘酚碱溶液，振荡后如有红色偶氮染料沉淀析出，则表明未知物肯定为苯胺。

4. 缩二脲的生成及缩二脲反应

在一支干燥的试管中放入 1 小匙（约 0.1g）尿素，加热使尿素熔化，闻放出气体的气味并检验是什么气体？如何检验？继续加热至凝固，冷却到室温，加入 10％氢氧化钠溶液 20 滴，然后逐滴加入 5～6 滴 5％硫酸铜溶液[1]，观察现象。

五、注释

[1] 硫酸铜不能多加，加至刚好出现紫红色即可，否则硫酸铜本身的蓝色会掩盖了紫

红色。

六、思考题
1. 比较苯胺和二苯胺的碱性强弱。
2. 解释兴斯堡试验中观察到的现象。

实验二十九　糖类的性质及鉴定

【预习提示】
1. 熟悉糖类化合物的结构和化学性质。
2. 认真阅读实验内容特别是注释部分。

一、实验目的
1. 验证和巩固糖类化合物的主要化学性质。
2. 熟悉重要糖类化合物的鉴定方法。

二、实验原理

　　糖类又称为碳水化合物，是多羟基醛或多羟基酮，或者通过水解能生成多羟基醛（酮）的化合物。根据糖类能否水解及水解产物可分为单糖、二糖和多糖。根据糖类是否有还原性分为还原性糖和非还原性糖。还原性糖含有半缩醛结构，能还原 Tollens 试剂、Fehling 试剂和 Benedict 试剂，具有变旋现象，并能与过量苯肼反应生成糖脎；而非还原性糖不含半缩醛结构，因而不具有以上性质。所有单糖和部分双糖（如麦芽糖、乳糖）是还原性糖，而部分双糖（如蔗糖、海藻糖）和多糖是非还原性糖。

　　糖脎具有良好的晶形和一定的熔点，根据糖脎的晶形和不同的熔点可鉴别不同的糖。所有的单糖都能发生成脎反应。C-2 以下构型相同的单糖（如葡萄糖和果糖）可以形成相同的糖脎，但反应速率不同，利用成脎的时间不同可鉴别之；C-2 以下构型不同的单糖则形成不同的糖脎。双糖由于结构的不同，有的具有还原性（如麦芽糖、纤维二糖），分子中还有一个半缩醛羟基，能生成糖脎。非还原性糖（如蔗糖），分子中没有半缩醛羟基，不能生成糖脎。葡萄糖与过量苯肼生成糖脎的反应方程式如下：

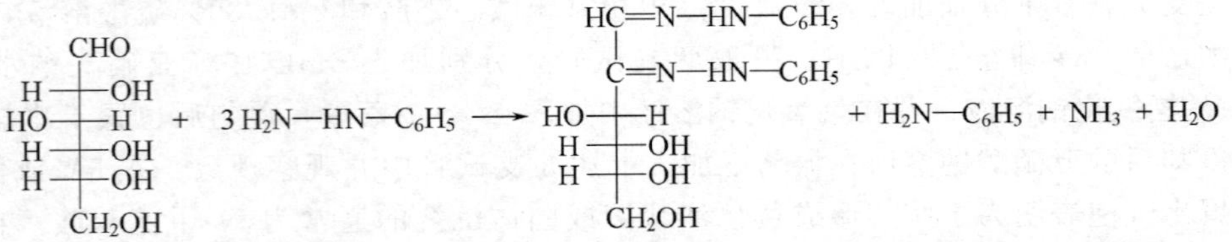

　　糖类化合物在浓酸（如浓盐酸）作用下，可发生分子内脱水生成糠醛或糠醛的衍生物，如戊醛糖在浓盐酸作用下脱水得到糠醛。这些脱水得到的物质都会与酚作用生成有色的缩合产物。Molish 反应是糖类化合物与 α-萘酚和浓硫酸反应，在两液层的界面处形成一个明显的紫色环，该反应是鉴别糖类化合物最常使用的颜色反应。单糖、双糖和多糖一般可发生此反应。Seliwanoff 反应是根据不同类型的糖类化合物与间苯二酚的浓盐酸共热所产生的颜色和显色时间不同来区分醛糖和酮糖。

　　淀粉和纤维素都是葡萄糖的高聚体，都是多糖。淀粉是 α-D-葡萄糖以 α-1,4-糖苷键或者 α-1,6-糖苷键连接而成，纤维素是由 β-D-葡萄糖以 β-1,4-糖苷键连接而成。淀粉和纤维素都不具有还原性。但在酸存在下，多糖加热水解后能产生还原性的单糖。淀粉与碘生成蓝色的包合物，这是鉴定淀粉的一个很灵敏的方法。淀粉可以被淀粉酶或者酸逐步进行水解。人类的唾液中含 α-淀粉酶，它能专一地水解 α-苷键，使淀粉很快降解成含 6～7 个葡萄糖单元的低聚糖，淀粉失去螺旋形构象，碘-淀粉包合物结构破坏，失去蓝色。进一步水解成二聚糖麦芽糖，再水解很难，需长时间才行，最终水解为葡萄糖。

三、仪器与试剂

1. 仪器

试管、烧杯、酒精灯、吸管、显微镜、点滴板、pH 试纸、温度计、秒表、微量移液器、脱脂棉、玻璃棒、滤纸、表面皿、火柴、离心机、注射器。

2. 试剂

2%葡萄糖溶液、2%果糖溶液、2%麦芽糖溶液、2%蔗糖溶液、2%阿拉伯糖溶液、2%木糖溶液、1%淀粉溶液、Tollens 试剂、Fehling 试剂 A、Fehling 试剂 B、Benedict 试剂、碘、苯肼试剂、α-萘酚试剂、间苯二酚-浓盐酸试剂、硫酸、盐酸、碘-碘化钾溶液、氢氧化钠、蒽酮、间苯三酚、饱和氯化钠溶液、新鲜唾液、硝酸、乙醇、乙醚、硫酸铜、氨水。

四、实验步骤

1. 还原性

（1）托伦（Tollens）试验

取五支试管，依次编号，在每支试管中各加入 3mL 新配制的 Tollens 试剂，再分别加入 5 滴 2%葡萄糖、2%果糖、2%麦芽糖、2%蔗糖和 1%淀粉溶液[1]，摇匀，并同时放入 50～60℃水浴中加热几分钟，观察各试管中溶液颜色的变化，试解释原因。

（2）斐林（Fehling）试验

取五支试管，依次编号，在每支试管中各加 1mL Fehling 试剂 A 和 1mL Fehling 试剂 B，混合均匀。在水浴中微热后，再分别加入 5 滴 2%葡萄糖溶液、2%果糖溶液、2%麦芽糖溶液、2%蔗糖溶液和 1%淀粉溶液，振荡，将各试管同时放入沸水浴中加热 2～3min，冷却后，注意观察各试管中溶液颜色的变化，试解释原因。

（3）本尼迪特（Benedict）试验

取四支试管，依次编号，在每支试管中各加入 2mL Benedict 试剂，再分别加入 4 滴 2%葡萄糖、2%果糖、2%麦芽糖、2%蔗糖溶液，在沸水浴中加热几分钟，注意观察各试管中溶液颜色的变化，试解释原因。

（4）与碘溶液作用

取两支试管，在每支试管中分别加入 3mL 2%葡萄糖和 2%果糖溶液。再各加入 0.5mL 碘溶液，然后再各滴加 5%的氢氧化钠溶液至颜色褪去为止，静置 7～8min，各滴加 0.5mL 25%硫酸，观察有何现象，试解释原因[2]。

2. 成脎反应[3]

取四支试管，依次编号，在每支试管中分别加入 1mL 2%葡萄糖溶液、2%果糖溶液、2%麦芽糖溶液、2%蔗糖溶液，再各加入 1mL 苯肼试剂，用棉花塞住试管口，摇匀，然后放入沸水浴中加热，记录结晶出现的时间，比较样品成脎结晶的速率。20min 后，取出试管，冷却，观察是否有结晶析出，并在显微镜下观察各糖脎的结晶形状[4]。

3. 颜色反应

（1）紫环反应（Molish 反应）[5]

取五支试管，依次编号，在每支试管中分别加入 1mL 2%葡萄糖溶液、2%果糖溶液、2%麦芽糖溶液、2%蔗糖溶液和 1%淀粉溶液，再各加 3～4 滴新配制的 α-萘酚试剂，摇匀。

将试管倾斜约45°，沿试管内壁慢慢加入1mL浓硫酸，勿摇动，此时，浓硫酸与糖液之间有明显的分层，观察两层交界处是否出现紫色环。

（2）间苯二酚反应（Seliwanoff反应）[6]

取四支试管，依次编号，在每支试管中分别加入0.5mL 2%葡萄糖溶液、2%果糖溶液、2%麦芽糖溶液、2%蔗糖溶液，再向每支试管中各加入1mL间苯二酚-浓盐酸试剂，摇匀，将四支试管同时放入沸水浴中加热2min，仔细观察并比较各试管中出现红色物的先后顺序。将未出现红色物的试管放回沸水浴中加热，每隔1min观察并记录每支试管中的颜色变化。5min后，盛有蔗糖的试管颜色有何变化？为什么？

（3）蒽酮反应[7]

取六支试管，依次编号，在每支试管中分别加入0.5mL 2%葡萄糖、2%果糖、2%蔗糖、2%木糖、2%麦芽糖、1%淀粉溶液，将试管倾斜，沿管壁慢慢加入0.5mL新配制的0.2%蒽酮-浓硫酸溶液，不要摇动！观察现象。

（4）戊糖的显色反应[8]

取四支洁净的试管，依次编号，在每支试管中分别加入2滴2%阿拉伯糖、2%果糖、2%葡萄糖、2%木糖溶液，再各加5滴间苯三酚-浓盐酸溶液，摇匀，置于沸水浴中加热2min，各试管中颜色有何不同？

（5）淀粉与碘的反应[9]

取一支试管，加入1mL 1%淀粉和2滴碘-碘化钾溶液，摇匀，观察颜色变化。将试管在沸水浴中加热5~10min，颜色有何变化？放置冷却后颜色又有什么变化？为什么？

4. 水解

（1）蔗糖的水解

取一支试管加入1mL 2%蔗糖溶液并滴加2滴浓盐酸，摇匀，放入沸水浴中加热约10min，取出冷却后，用10%氢氧化钠中和至中性（用pH试纸检验）。再各加0.5mL Fehling试剂A和0.5mL Fehling试剂B，振荡，放入沸水浴中加热2min，观察现象。

（2）淀粉的水解

① 酸水解

取一支试管加入2mL 1%淀粉溶液和2滴浓盐酸，摇匀，放入沸水浴中加热，每隔2min用吸管取出水解液，滴一滴于白色的点滴板上，加1滴碘-碘化钾溶液，观察颜色变化，直至水解液遇碘不显色为止。用吸管取10滴水解液置于另一支试管中，加10%氢氧化钠中和至中性，然后加0.5mL Fehling试剂A和0.5mL Fehling试剂B，摇匀，放入沸水浴中加热2min，观察现象。

② 酶水解

取一支试管，加入1%淀粉溶液3mL和饱和氯化钠溶液0.5mL及新鲜唾液1mL，混匀，在37℃水浴中加热15min左右，取水解液1mL，做Benedict试验，有何现象？为什么？

（3）纤维素的水解

在一支干燥的试管中，放入少许脱脂棉，加入浓硫酸搅拌，使棉花全溶（不要变黑！）。加入3mL水，摇匀，在沸水浴中加热10~15min，冷却。取水解液0.5mL，用20%氢氧化钠溶液中和，再加入Benedict溶液5滴，摇匀，在沸水浴中加热2min，有何现象？为什么？

5. 纤维素硝酸酯的制备

取一支大试管，加入4mL浓硝酸，再缓缓加入8mL浓硫酸，摇匀。把0.3g脱脂棉用玻璃棒使之浸入混酸中。再把试管置于 $60\sim70℃$ 热水浴中加热，并不断搅动。5min 后，用玻璃棒挑出脱脂棉，放在烧杯中用水洗涤几次，挤干。再用滤纸吸干，弄松，放在表面皿上，在水浴上蒸干，得到纤维素硝酸酯（即硝化纤维）。

取少许硝化纤维，点燃，与脱脂棉作对比，有何不同？把剩余干燥的硝化纤维溶于 1mL 乙醇和 3mL 乙醚的混合液，使之溶解，得到硝化纤维素溶液。取此溶液少许，倒入表面皿上，在水浴上加热，得到硝化纤维薄片（即火棉胶）。把薄片点燃，观察燃烧状况。

6. 铜氨溶液与纤维素的作用[10]

称取硫酸铜晶体 1g，溶于 15mL 水中，然后加入 20%氢氧化钠溶液至不再生成沉淀为止（约 $2\sim3$ mL），用电动离心机分离氢氧化铜沉淀，加入浓氨水至氢氧化铜沉淀溶解，得深蓝色铜氨溶液。加入 0.5g 脱脂棉，搅拌使之溶解，得深蓝色胶状纺丝液。

用医用注射器吸取纺丝液，把它注入装有稀硫酸的烧杯中，可得到丝状纤维。

五、注释

[1] 1%淀粉溶液的配制：将 1g 可溶性淀粉溶于 5mL 冷蒸馏水中，用力搅拌成浆状，然后倒入 94mL 沸水中，即得近于透明的胶体溶液，放冷使用。

[2] 醛糖可被碘酸、次碘酸、溴酸、次溴酸等氧化剂氧化成糖酸，酮糖在同样的条件下不被氧化。因此用碘水、溴水可鉴别醛糖和酮糖。次碘酸钠可由碘与碱制得，是一个可逆反应：

$$I_2+2NaOH \rightleftharpoons NaI+NaIO+H_2O$$

在碱性溶液中，因反应向右进行，碘液褪色，产生氧化剂——次碘酸钠。在酸性溶液中，因反应向左进行，析出碘，溶液呈棕色。醛糖把次碘酸钠还原成碘化钠，反应后，在溶液中加酸，反应不能向左进行，没有碘析出，溶液不呈棕色。而酮糖与次碘酸钠反应缓慢，加酸后有碘析出。

[3] 几种糖脎析出的时间、颜色、熔点和比旋光度见下表：

糖	比旋光度$[\alpha]_D^{20}/(°)$	糖脎析出时间/min	糖脎颜色	糖脎熔点/℃
果糖	−92	2	深黄色	205
葡萄糖	+52.7	$4\sim5$	深黄色	205
麦芽糖	+129.0	冷却后析出	深黄色	206
蔗糖	+66.5	30(转化后生成)	黄色	205
木糖	+18.7	7	橙黄色	163
半乳糖	+80.2	$15\sim19$	橙黄色	201

事实上，实验条件不同，反应速率也不同，但快慢次序不变。

[4] 几种重要的糖脎晶形见图 4-3。

图 4-3　不同糖脎的晶形
1—葡萄糖脎；2—麦芽糖脎；3—乳糖脎

[5] 糖类化合物与浓硫酸作用生成糠醛及其衍生物（如羟甲基糠醛）等，糠醛及其衍生

物与 α-萘酚起缩合作用，生成紫色物质。

[6] 在酸作用下，酮糖脱水生成的羟甲基糠醛与间苯二酚结合生成鲜红色的物质，反应迅速，仅需 20～30s；在同样条件下，醛糖脱水速率慢，2min 内不会出现红色反应。因此，Seliwanoff 反应可用来鉴别醛糖和酮糖。蔗糖在酸性条件下水解生成果糖也能发生 Seliwanoff 反应。

[7] 糖在浓硫酸作用下生成糠醛或羟甲基糠醛，可与蒽酮反应生成蓝绿色的糠醛衍生物，在一定范围内，颜色深浅与糖含量成正比，可用于糖的定量。此外，不同的糖类与蒽酮试剂的显色深度不同，果糖颜色最深，葡萄糖次之，半乳糖、甘露糖较浅，五碳糖显色更浅。

[8] 戊糖与盐酸作用生成糠醛，与间苯三酚缩合形成红色或暗红色产物，其他糖产生黄色或棕色。

[9] 淀粉与碘的作用是一个复杂的过程。主要是碘分子和淀粉之间借范德华力联系在一起，形成一种深蓝色的复合物，加热时复合物不易形成而使蓝色褪掉，冷却后又重新形成，这是一个可逆过程。该反应灵敏，常用于检验淀粉的存在。

[10] 纤维素不溶于水，可溶于铜氨溶液，因为铜氨溶液中含有 $[Cu(NH_3)_4(OH)_2]$，能与葡萄糖残基形成络离子 $(C_6H_7O_5Cu)^-$，把纺丝液注入酸中，络离子被破坏，重新析出纤维素，但再生纤维素不具有天然纤维素的结构。

六、思考题

1. 用化学方法鉴别葡萄糖、果糖、蔗糖和淀粉。

2. 什么叫还原性糖？在葡萄糖、果糖、麦芽糖、蔗糖、淀粉和纤维素中，哪些是还原性糖？

3. 糖的成脎反应中，加热时间长了，蔗糖也会出现黄色结晶，原因是什么？

4. 麦芽糖、蔗糖都是二糖，它们分别由哪两种单糖组成？它们有变旋现象吗？为什么？

5. 在本实验中，哪些糖形成的糖脎相同？为什么？

6. 为什么可以利用碘液定性地了解淀粉水解进行的程度？

实验三十　氨基酸、蛋白质的性质及鉴定

【预习提示】

1. 熟悉氨基酸和蛋白质的化学性质。

2. 认真阅读实验内容特别是注释部分。

一、实验目的

1. 验证和巩固氨基酸、蛋白质的主要化学性质。

2. 掌握氨基酸、蛋白质的鉴定方法。

二、实验原理

自然界存在的氨基酸多为 α-氨基酸。除甘氨酸外，其余氨基酸都含有手性碳原子，多为 L-构型，而且有旋光性。氨基酸分子中既有氨基又有羧基，是两性化合物，具有等电点。根据分子中所含氨基和羧基的相对数目不同，可分为酸性氨基酸、中性氨基酸、碱性氨基酸。氨基酸是组成蛋白质的基本结构单元。不同的氨基酸、多肽和蛋白质都具有各自不同的等电点。氨基酸在水中的电离方程式表示如下（多肽、蛋白质的电离方程式与之类似）：

$$\text{R—CH—COOH} \underset{\text{H}^+}{\overset{\text{OH}^-}{\rightleftharpoons}} \text{R—CH—COO}^- \underset{\text{H}^+}{\overset{\text{OH}^-}{\rightleftharpoons}} \text{R—CH—COO}^-$$

$$\underset{\text{NH}_3^+}{|} \qquad\qquad \underset{\text{NH}_3^+}{|} \qquad\qquad \underset{\text{NH}_2}{|}$$

正离子	两性离子	负离子
pH＜pI	pH＝pI	pH＞pI

蛋白质是细胞的重要组成部分，是生物体的基本组成物质。它是由 20 多种氨基酸按照不同的比例和顺序以酰胺键相互连接而形成的复杂高分子化合物，溶于水时形成胶体溶液。在酸、碱和酶的作用下，蛋白质会发生彻底水解得到氨基酸的混合物，其中以 α-氨基酸为主。蛋白质分子中肽键和氨基酸单元中的一些特殊基团，能与某些试剂作用，生成不同的有色物质，具有不同的颜色反应。

蛋白质分子依靠氢键、盐键、疏水键和范德华力等维持一定的空间结构。在某些物理或化学因素的影响下，由于维持其结构的次级键破裂，其空间结构有不同程度的破坏，导致其理化性质和生理活性也发生改变，这种现象称为蛋白质的变性。变性后蛋白质的显著特点是溶解度降低、黏度增加和难以结晶，因此会表现出沉淀和凝固等现象。

三、仪器与试剂

1. 仪器

试管、试管架、250mL 烧杯、酒精灯、玻璃棒。

2. 试剂

0.5％酪蛋白溶液、0.1％溴甲酚绿指示剂、0.02mol·L^{-1} 盐酸、氢氧化钠（0.02mol·L^{-1}、10％、30％）、1％甘氨酸溶液、1％酪氨酸溶液、1％色氨酸溶液、蛋白质溶液、茚三酮试剂、1％硫酸铜溶液、浓硝酸、Millon 试剂、1％谷氨酸溶液、10％亚硝酸钠、2％硝酸银溶液、0.5％醋酸铅溶液、5％氯化汞溶液、10％三氯乙酸溶液、浓盐酸、浓硫酸、1％醋酸溶液、饱和苦味酸溶液、饱和鞣酸溶液、无水乙醇、饱和硫酸铵溶液、红色石蕊试纸。

四、实验步骤

1. 两性与等电点

取一支试管，加 1mL 0.5％酪蛋白[1] 和 2 滴 0.1％溴甲酚绿指示剂[2]，摇匀。观察溶液呈现的颜色，为什么？然后，再滴加 0.02mol·L^{-1} 盐酸，边加边摇，直至有大量沉淀物出现为止[3]，为什么？观察此时溶液颜色有何变化？继续滴加 0.02mol·L^{-1} 盐酸至沉淀物溶解为止，观察溶液呈何颜色，为什么？再滴加 0.02mol·L^{-1} 氢氧化钠溶液进行中和，边加边摇，大量沉淀又重新出现，为什么？继续滴加 0.02mol·L^{-1} 氢氧化钠，沉淀又溶解，为什么？观察颜色变化，并解释原因。上面实验操作应重复 2 次。

2. 颜色反应

（1）茚三酮反应[4]

取四支试管，依次编号，分别加入 1mL 1％甘氨酸、1％酪氨酸、1％色氨酸和蛋白质溶液，再分别滴加 3～4 滴茚三酮试剂，在沸水浴中加热 10～15min，观察溶液颜色有何变化。

（2）缩二脲反应[5]

取一支试管，加入 2mL 蛋白质溶液，2mL 10％氢氧化钠溶液，然后加入 2 滴 1％硫酸铜溶液，振荡，观察试管中溶液颜色的变化。

（3）黄蛋白反应[6]

取一支试管，加入 1mL 蛋白质溶液，再滴加 7～8 滴浓硝酸，此时出现浑浊或白色沉淀。将沉淀放入水浴中加热，溶液和沉淀都变成黄色。冷却后，再逐滴加入 10％的氢氧化钠溶液，当反应液呈碱性时，溶液颜色由黄色变成更深的橙色。

（4）米隆（Millon）反应[7]

取一支试管，加入 2mL 蛋白质溶液和 2～3 滴 Millon 试剂，观察有何现象产生。然后，放入水浴加热煮沸，观察又有何现象产生。

（5）氨基酸与亚硝酸的反应

取 1mL 1％谷氨酸水溶液于试管中，加入 1 滴浓盐酸，再滴入 2 滴 10％亚硝酸钠溶液，振荡，观察现象。

（6）α-氨基酸与硫酸铜在氢氧化钠中的反应

取 1mL 1％谷氨酸水溶液于试管中，加入 1mL 10％氢氧化钠溶液，然后滴入 2 滴 1％硫酸铜溶液，振荡，观察现象。

3. 蛋白质变性沉淀[8]

（1）与重金属盐离子作用[9]

取四支试管，依次编号，各加入 1mL 蛋白质溶液，再分别加入 2 滴 1％硫酸铜溶液、2％硝酸银溶液、0.5％醋酸铅溶液、5％氯化汞溶液，观察现象。

（2）与无机酸作用[10]

取三支试管，各加入 5 滴蛋白质溶液，再分别加入 4 滴浓盐酸、浓硫酸、浓硝酸，不要摇动，观察试管中出现的现象；然后再分别滴加 4 滴浓盐酸、浓硫酸、浓硝酸，摇匀后，观察现象。

（3）与有机酸作用

取一支试管，加入 1mL 蛋白质溶液，再加入 4 滴 10％三氯乙酸溶液，观察现象。

（4）与生物碱作用[11]

取两支试管，各加入 1mL 蛋白质溶液和 2 滴 1％醋酸溶液，再分别加入 2 滴饱和苦味酸溶液、饱和鞣酸溶液，观察现象。

（5）与乙醇作用[12]

取一支试管，加入 1mL 无水乙醇，沿试管壁加入 0.5mL 蛋白质溶液，观察现象。

（6）加热沉淀蛋白质

在试管里加入 2mL 蛋白质溶液，将试管放在沸水浴中加热 5～10min，蛋白质凝固成白色絮状沉淀。然后加 2mL 水，振荡，观察沉淀是否溶解。

4. 蛋白质可逆沉淀[13]（盐析作用）

取一支试管，加入 2mL 蛋白质溶液，再加入 2mL 饱和硫酸铵溶液，摇匀，静止片刻，观察现象。然后，取 1mL 此混合液置于另一支试管中，加 3mL 蒸馏水，摇匀，观察结果。与第一支试管比较，并说明原因。

5. 分解蛋白质[14]

在试管中分别加入 2mL 蛋白质溶液和 4mL 30％的氢氧化钠溶液，在试管口放一湿润的红色石蕊试纸，把混合液加热煮沸 3～4min，有何气体放出？试纸是否变色？

五、注释

[1] 0.5％酪蛋白溶液的配制：称取 0.5g 酪蛋白（干酪素），溶于 99.5mL 0.01mol·L^{-1}氢氧化钠溶液中。酪蛋白的等电点可以通过酸度计加以测定。

[2] 溴甲酚绿指示剂变色的 pH 范围是 3.8～5.4，pH＜3.8 显黄色，pH＞5.4 显蓝色。

[3] 在等电点状态下，蛋白质颗粒容易聚集而析出沉淀；在非等电点状态时，蛋白质分子表面总带有一定的同性电荷，由于电荷之间的相互排斥作用阻止蛋白质分子凝聚。

〔4〕氨基酸（除脯氨酸和羟脯氨酸以外）和蛋白质都能与茚三酮作用，产生紫红色产物，反应十分灵敏，在 pH＝5～7 的溶液中进行为宜。

〔5〕参见含氮化合物的性质实验，由于蛋白质分子中有许多酰胺键，因此，任何蛋白质均有缩二脲反应。

〔6〕蛋白质分子中若含有苯环（如苯丙氨酸、酪氨酸、色氨酸等），与硝酸作用后，在苯环上引入硝基，生成硝基化合物，结果显示出黄色。加碱后颜色变为橙黄色，是由于形成醌式结构的缘故。

〔7〕蛋白质溶液和 Millon 试剂作用，先析出不溶性的蛋白质汞盐沉淀，加热时凝聚，沉淀由黄色变成砖红色。只有分子中含有酚羟基的蛋白质，才能与 Millon 试剂反应显砖红色。在氨基酸中只有酪氨酸含有酚羟基，所以凡能与 Millon 试剂显砖红色的蛋白质，其分子中必含有酪氨酸单位。

〔8〕蛋白质受到某些物理或化学因素的作用时，其分子内部结构特别是空间结构遭到破坏，一些理化和生物化学性质发生改变，沉淀不能溶于原来的溶剂中，这种沉淀反应称为蛋白质的变性沉淀反应。

〔9〕重金属盐在浓度很小时就能沉淀蛋白质，与蛋白质形成不溶于水的类似盐的化合物，且沉淀是不可逆的，因此蛋白质是许多重金属盐中毒时的解毒剂。

〔10〕蛋白质沉淀在过量的硝酸中不溶解，而在过量的浓盐酸和浓硫酸中溶解。

〔11〕在酸性条件下，生物碱试剂能使蛋白质沉淀，加碱则沉淀溶解；蛋白质沉淀能溶于过量的生物碱试剂中，所以生物碱不可多加。

〔12〕有机溶剂、加热、振荡、超声波等都能使蛋白质发生不可逆的沉淀反应。

〔13〕蛋白质盐析的机制可能是：①蛋白质分子所带的电荷被中和；②蛋白质分子被盐脱去水化层。沉淀析出的蛋白质化学性质未变，降低盐的浓度时，沉淀仍能溶解。

〔14〕蛋白质分解后有氨气放出。

六、思考题

1. 氨基酸和蛋白质具有哪些相同的颜色反应？根据实验内容加以回答并说明原因。

2. 蛋清、牛奶等是否可作为汞中毒的解毒剂？

3. 若在三支试管中分别加入 2mL pH 为 2.0、4.6、8.6 的缓冲溶液，再各加 2 滴酪蛋白溶液，摇匀，会出现什么现象？该蛋白质的等电点是多少？

4. 要判断某多肽链中是否含有酪氨酸残基，应采用什么办法？

5. 如何区分蛋白质的可逆沉淀与不可逆沉淀？

6. 怎样区别氨基酸溶液与蛋白质溶液？

第五章　有机化合物的合成

实验三十一　蒽和马来酸酐的加成反应

【预习提示】

1. 预习共轭二烯烃与双键或叁键化合物的 Diels-Alder 反应。

2. 具有电子离域体系的芳香族化合物（如蒽、呋喃、多取代噻吩等）也可作为双烯体发生 Diels-Alder 反应。

一、实验目的

1. 学习蒽和马来酸酐发生 Diels-Alder 加成反应的原理和方法。

2. 掌握回流、过滤、重结晶等操作技能。

二、实验原理

蒽是具有共轭碳-碳双键的芳香族化合物，可作为双烯体与顺丁烯二酸酐（马来酸酐）发生 Diels-Alder 双烯合成反应。反应式如下：

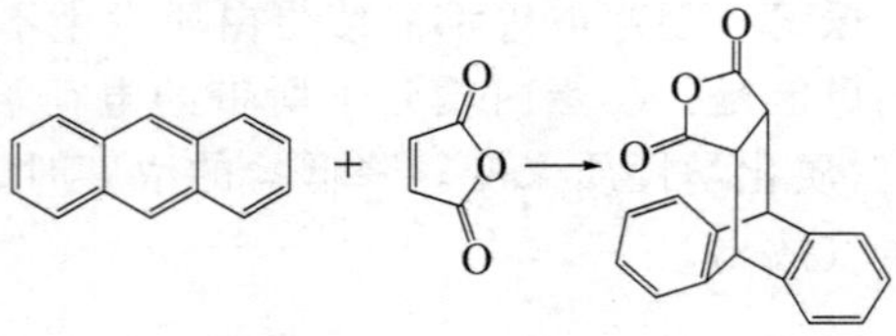

三、仪器与试剂

1. 仪器

25mL 圆底烧瓶、球形冷凝管、布氏漏斗、抽滤瓶、电热套、循环水真空泵等。

2. 试剂

蒽 1g(56mmol)、马来酸酐 0.55g(56mmol)、二甲苯 10mL、沸石。

四、实验步骤

在 25mL 圆底烧瓶中加入蒽 1g、马来酸酐 0.55g、二甲苯 10mL 和几粒沸石，瓶口装球形冷凝管，加热回流 20min 后，将液面边缘上析出的晶体振荡下去，再继续回流 5min，停止加热。待反应液冷却后，将反应混合物减压过滤得固体产品。将产品放入真空干燥器内干燥[1]，称重，计算产率。

产品（9,10-二氢蒽-9,10-乙内桥-11,12-二甲酸酐）：m. p. 262～263℃（分解），红外光谱见图 5-1。

五、注释

[1] 产物在空气中干燥易吸收水分发生部分水解，同时也影响熔点测定。

六、思考题

1. 蒽和马来酸酐的加成能否发生在蒽的 1,4 位？

2. 试写出蒽和马来酸酐发生 Diels-Alder 加成反应的机理。

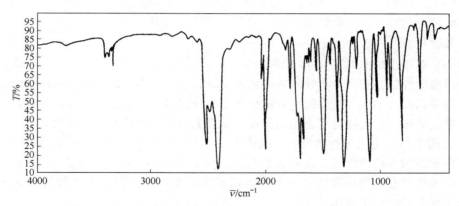

图 5-1 蒽与马来酸酐加成产物（9,10-二氢蒽-9,10-乙内桥-11,12-二甲酸酐）的红外光谱图

实验三十二 1-溴丁烷的制备

【预习提示】
1. 预习由醇合成卤代烃的方法。
2. 预习正丁醇、1-溴丁烷的物理、化学性质。

一、实验目的
1. 学习由醇制取卤代烃的原理和方法。
2. 掌握加热回流操作和有害气体的处理。
3. 掌握萃取和蒸馏的基本操作。

二、实验原理
1-溴丁烷是由正丁醇与溴化钠在浓硫酸催化作用下制得。反应式如下：

$$NaBr + H_2SO_4 \longrightarrow HBr + NaHSO_4 \tag{1}$$

$$CH_3CH_2CH_2CH_2{-}OH + HBr \rightleftharpoons CH_3CH_2CH_2CH_2{-}Br + H_2O \tag{2}$$

从反应式中可以看出，第（2）步反应是可逆反应。为提高 1-溴丁烷的产率，本实验通过增加溴化钠和浓硫酸的用量，以使溴化氢保持较高的浓度。为防止未反应完的溴化氢气体挥发至空气中，反应过程中需用到气体吸收装置。为降低浓硫酸的氧化性及减少副产物的生成，产品蒸馏过程中需加入适量的水。

副反应[1]：

$$CH_3CH_2CH_2CH_2{-}OH \xrightarrow[\triangle]{浓硫酸} CH_3CH_2CH{=}CH_2 + H_2O$$

$$CH_3CH_2CH_2CH_2{-}OH \xrightarrow[\triangle]{浓硫酸} CH_3CH_2CH_2CH_2{-}O{-}CH_2CH_2CH_2CH_3 + H_2O$$

三、仪器与试剂
1. 仪器
50mL 圆底烧瓶、球形冷凝管、直形冷凝管、接收管、200℃温度计、125mL 分液漏斗、105°玻璃弯管、锥形瓶、玻璃漏斗、烧杯等。
2. 试剂

正丁醇 6.2mL(5g，0.068mol)、无水溴化钠 8.3g(0.08mol)、浓硫酸 10mL(0.18mol)、饱和亚硫酸氢钠溶液、10％碳酸钠溶液、无水氯化钙、沸石。

四、实验步骤[1]

在 50mL 圆底烧瓶中加入 8.3g 研细的溴化钠[2]、6.2mL 正丁醇和 1～2 粒沸石，烧瓶上装一个回流冷凝管。在一个小锥形瓶内加入 10mL 水，将锥形瓶放在冷水浴中冷却，一边摇荡，一边慢慢加入 10mL 浓硫酸。将稀释的硫酸分四次从冷凝管上口加入烧瓶，每加一次都要充分振荡烧瓶，使反应物混合均匀。在冷凝管上口处用玻璃弯管连接溴化氢气体吸收装置[3]（参见图 5-2），小火加热到沸腾，回流 30min。反应完毕，冷却 5min，拆除回流装置，圆底烧瓶内重新加入几粒沸石，改成蒸馏装置，用一个盛有 20mL 蒸馏水的 100mL 锥形瓶作接收器，加热蒸馏。当反应瓶中液面的油层消失，馏出液由浑浊变为澄清且无油珠出现时，表示 1-溴丁烷已全部蒸出。

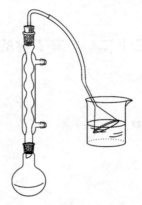

图 5-2　1-溴丁烷的制备装置

将馏出液转移至分液漏斗中，如产物呈红色，可加入 5～8mL 饱和亚硫酸氢钠溶液洗涤除去[4]。分出产物，再用 5mL 浓硫酸洗涤[5]，分离弃去酸层。然后，依次用 10mL 水、10mL 10％碳酸钠溶液洗涤（注意 CO_2 气体放出[6]）。最后再用 10mL 水洗涤。

将下层粗 1-溴丁烷放入干燥的小锥形瓶中，加入适量无水氯化钙，塞上塞子，间歇地振摇，使瓶内液体澄清透明为止（约需 30min）。

干燥后的产物通过有折叠滤纸的玻璃漏斗，滤入 50mL 圆底烧瓶，加入几粒沸石，再次加热蒸馏。收集沸程 99～103℃的馏分于已知质量的锥形瓶中，称量，计算产率。

1-溴丁烷为无色透明液体。m.p. － 112.4℃；b.p. 101.6℃；$d_4^{20} = 1.276$；$n_D^{20} =$ 1.4401。1-溴丁烷的红外光谱图见图 5-3。

五、注释

［1］正丁醇与溴化氢发生亲核取代反应时，情况比较复杂：一方面会生成预期产物 1-溴丁烷；另一方面，正丁醇在反应中还会发生分子内消除反应或分子间脱水反应，分别生成 1-丁烯和正丁醚。因此，如何精心控制反应条件，使反应朝预期方向进行，是本实验重点关注的问题。

［2］溴化钠应先研细后再称量。为防止加入溴化钠时结块，影响溴化氢的顺利产生，加入溴化钠时应将反应瓶浸在冰水浴中，边加料边振摇。

［3］气体吸收装置的漏斗口应一半在水中，一半在水面上，以防发生倒吸现象。

［4］加热后，瓶内常呈橘红色，这是由于溴化氢被硫酸氧化，生成单质溴的缘故。

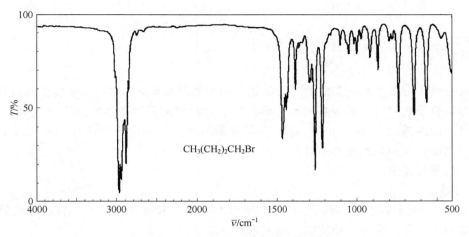

图 5-3 1-溴丁烷的红外光谱图

$$Br_2 + 3NaHSO_3 \longrightarrow 2NaBr + NaHSO_4 + 2SO_2 \uparrow + H_2O$$

［5］粗产品中含少量未反应的正丁醇、副产物正丁醚、1-丁烯等杂质，它们都能溶于浓硫酸中。

［6］反应过程中，有大量 CO_2 放出。为防止溶液溅出，应正确使用分液漏斗。

六、思考题

1. 加料时，可以先使溴化钠与浓硫酸混合，然后再加正丁醇和水，可以吗？为什么？

2. 本实验有哪些副反应？可采取什么措施加以抑制？

实验三十三 硝基苯酚的制备

【预习提示】

1. 预习芳香环的亲电取代反应。

2. 预习硝化反应的反应条件。

【安全提示】

多硝基化合物绝对不可以蒸馏，即使是蒸馏一硝基化合物，也要小心，不能蒸干，以免发生爆炸。

一、实验目的

1. 学习芳香环硝化的方法。

2. 加深对芳烃亲电取代反应的理解。

3. 掌握水蒸气蒸馏技术。

二、实验原理

由于苯酚含有活化基团羟基（—OH），因而它很容易硝化，甚至在稀硝酸中于室温下就可以发生硝化反应。直接用混酸或稀硝酸作硝化剂易使苯酚发生氧化和聚合反应，导致硝化产率下降。因此，本实验采用碱金属硝酸盐（$NaNO_3$）与稀硫酸的混合物作硝化剂与苯酚在室温下进行硝化反应。

反应式如下：

从反应式中可以看出，苯酚的一元硝化产物为邻硝基苯酚和对硝基苯酚的混合物。对硝基苯酚存在分子间氢键，邻硝基苯酚易形成分子内氢键，邻硝基苯酚的沸点（bp. 214.5℃）比对硝基苯酚的沸点（bp. 279℃）低。本实验采用水蒸气蒸馏的方法将邻硝基苯酚从反应混合物中蒸出，从而达到分离的目的。

三、仪器与试剂

1. 仪器

100mL 三颈圆底烧瓶、磁力搅拌器、球形冷凝管、水蒸气发生器、直形冷凝管、温度计、滴液漏斗、布氏漏斗、抽滤瓶、循环水真空泵等。

2. 试剂

苯酚 4.7g(50mmol)、硝酸钠 7g(80mmol)、浓硫酸 6mL($\rho=1.83$，0.11mol)、浓盐酸 3mL、沸石、活性炭。

四、实验步骤

在 100mL 三颈圆底烧瓶上，配置搅拌器、温度计和滴液漏斗（参见图 5-4）。先加入 20mL 水，然后在搅拌下慢慢加入 6mL 浓硫酸。取下滴液漏斗，趁酸液尚在温热之时，从反应瓶侧口加入 7g 硝酸钠，使其溶入稀硫酸中。重新装上滴液漏斗，将反应瓶置入冰水浴中，使混合物冷却至 20℃。

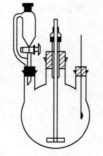

称取 4.7g 苯酚，与 1mL 温水混合，并冷却至室温[1]。在搅拌下，将苯酚的水溶液从滴液漏斗滴入反应瓶中，用冰水浴将反应温度维持在 20℃左右[2]。加完苯酚后，在室温下继续搅拌 1h，有黑色油状物生成，倾出酸层，然后向油状物中加入 20mL 水并振摇，倾出水相，再用水洗三次，以除净残存的酸[3]。

对油状混合物进行水蒸气蒸馏，直到冷凝管中无黄色油滴馏出为止。在水蒸气蒸馏过程中，黄色的邻硝基苯酚晶体会附着在冷凝管内壁上，可以通过间歇的关闭冷却水，用热蒸汽将其熔化流出。

图 5-4　芳烃硝化反应装置

将馏出液冷却过滤，收集浅黄色晶体，即得邻硝基苯酚产物。干燥后称量[4]、测熔点并计算产率。

邻硝基苯酚 mp. 45℃，有特殊的芳香气味。邻硝基苯酚的红外光谱和核磁共振氢谱见图 5-5 和图 5-6。

向水蒸气蒸馏后的残余物中加水至总体积为 50mL，并加入 3mL 浓盐酸和 0.5g 活性炭，煮沸 15min，用预热过的布氏漏斗减压过滤，滤液经冷却析出对硝基苯酚。过滤干燥后称重、测熔点[5] 并计算产率。

对硝基苯酚为淡黄或无色针状晶体，无气味，m. p. 112～113℃。对硝基苯酚的红外光谱和核磁共振氢谱分别见图 5-7 和图 5-8。

五、注释

[1] 苯酚的熔点为 41℃，室温下呈固体态，量取时可用温水浴使其熔化。苯酚中加入少许水可降低熔点，使其在室温下即呈液态，有利于滴加和反应。

[2] 反应温度对苯酚的硝化影响很大。当温度过高，一元硝基酚有可能发生进一步硝

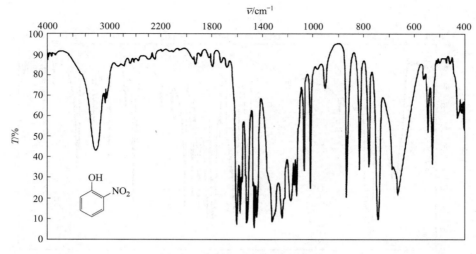

图 5-5　邻硝基苯酚的红外光谱

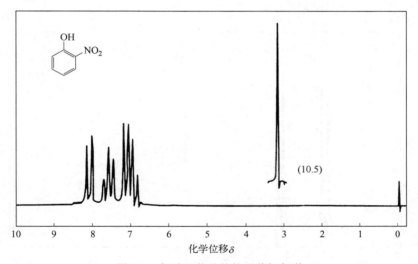

图 5-6　邻硝基苯酚的核磁共振氢谱

化，或因发生氧化反应而降低一元硝基酚的产量；当温度偏低，又将减缓反应速率。

　　[3] 硝基酚在残余混酸中进行水蒸气蒸馏时，会因长时间高温受热而发生进一步硝化或氧化。因此，一定要洗净粗产物中残留的酸。

　　[4] 邻硝基苯酚容易挥发，应保存在密闭的棕色瓶中。

　　[5] 如果实测熔点偏低，可以用乙醇-水混合溶剂对产物进行重结晶：加少量乙醇于盛有硝基苯酚的圆底烧瓶中，配置回流冷凝管，加热回流，再补加乙醇直到产物全部溶解于沸腾的乙醇中。然后，逐滴加入热水（60℃左右），直到乙醇溶液中正好出现浑浊为止。再加几滴乙醇，使浑浊液刚好澄清。静置冷却至室温，过滤即得产物，干燥后测熔点。

　　六、思考题

　　1. 苯酚的一元硝化反应中可能会有哪些副反应？在实验操作中应如何减少这些副反应？

　　2. 如何通过红外光谱来区分邻硝基苯酚和对硝基苯酚？

　　3. 如何通过核磁共振氢谱来区分邻硝苯酚和对硝基苯酚？

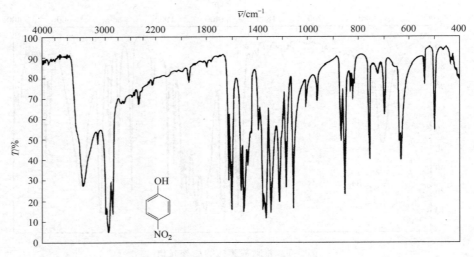

图 5-7 对硝基苯酚的红外光谱

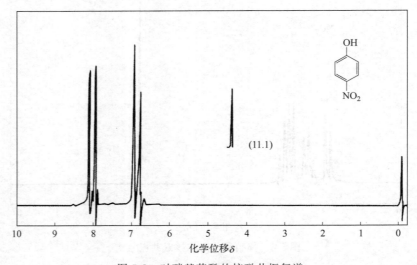

图 5-8 对硝基苯酚的核磁共振氢谱

4. 邻硝基苯酚和对硝基苯酚分子中的羟基在红外谱图中会有什么差异？指出其中表明邻位和对位二取代苯的特征吸收峰及硝基的特征吸收峰。

实验三十四　苯乙酮的制备

【预习提示】

1. 预习芳香环的亲电取代反应。

2. 预习 Friedel-Crafts 酰基化反应。

【安全提示】

Friedel-Crafts 酰基化反应是放热反应，但有诱导期，所以操作时要注意温度变化。

一、实验目的

1. 学习芳烃 Friedel-Crafts 酰基化实验操作。

2. 加深对芳烃亲电取代反应的理解。

3. 掌握回流、蒸馏操作和有害气体的处理。

二、实验原理

通过傅-克（Friedel-Crafts）酰基化反应，苯分子中的一个氢原子被乙酰基取代，生成苯乙酮。反应历程如下：

$$\text{苯} + (CH_3CO)_2O \xrightarrow{\text{无水 } AlCl_3} CH_3COOH + \text{苯—COCH}_3$$

$$CH_3COOH + AlCl_3 \longrightarrow CH_3COOAlCl_2 + HCl\uparrow$$

从反应式中可以看出，由于还有一部分 $AlCl_3$ 要与酸作用，因此 $AlCl_3$ 的用量至少为酸酐量的 2 倍，一般实验中用的 $AlCl_3$ 要过量 2.2～2.3 倍。

三、仪器与试剂

1. 仪器

50mL 三颈圆底烧瓶、50mL 蒸馏烧瓶、磁力搅拌器、球形冷凝管、干燥管、水浴锅、分液漏斗、直形冷凝管、温度计、空气冷凝管、恒压滴液漏斗等。

2. 试剂

无水苯 9mL（0.103mol）、无水 $AlCl_3$ 7g（53mmol）、乙酸酐 2mL（21mmol）、浓盐酸、无水硫酸镁、3mol·L^{-1} NaOH 溶液。

四、实验步骤

在 50mL 三颈圆底烧瓶上安装温度计、恒压滴液漏斗以及回流冷凝管，冷凝管上口接干燥管，干燥管末端连接气体吸收装置（如图 5-9）。在三颈圆底烧瓶中迅速加入 6mL 无水苯及 7g 研细的 $AlCl_3$[1] 粉末后，磁力搅拌下用恒压滴液漏斗缓慢滴加 2mL 乙酸酐[2] 与 3mL 无水苯的混合液。滴加速度以使反应平稳进行为度，不能太剧烈（也可用冷水浴冷却反应液，以控制反应速率）。滴加完毕后，待反应平稳，缓慢加热，继续反应 30min，至无 HCl 气体逸出为止。

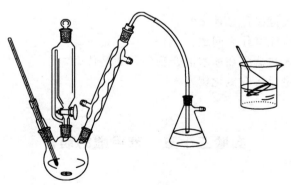

图 5-9　苯乙酮的制备装置

搅拌下，将三颈圆底烧瓶在冰浴上冷却，缓慢滴加 12mL 浓盐酸与 25g 碎冰的混合物。当瓶内固体完全溶解后，用分液漏斗分出苯层，水层每次用 5mL 苯萃取两次，萃取液和苯层合并，并依次用 3mol·L^{-1} NaOH 溶液和水各 5mL 洗涤后，将苯层转移至锥形瓶中，加入无水硫酸镁干燥。

将干燥后的苯层转移至 50mL 圆底烧瓶中，进行常压蒸馏，缓慢加热蒸除残留的苯。当温度升至 140℃左右时，停止加热，换用空气冷凝管，继续蒸馏，收集 198～202℃馏分[3]。测产品红外光谱，与标准谱图比较。

纯苯乙酮为无色液体，m. p. 20.5℃，b. p. 202℃，$n_D^{20} = 1.5372$，$d_4^{20} = 1.0281$。苯乙酮的红外光谱见图 5-10。

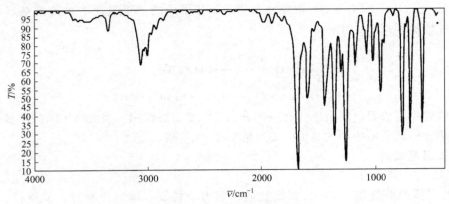

图 5-10　苯乙酮的红外光谱图

五、注释

[1] 三氯化铝遇水或潮气会分解失效，所以操作必须迅速。其他反应物及仪器都需要干燥。纯苯需经无水氯化钙干燥、过夜，方可使用。

[2] 新蒸乙酸酐，收集 137～140℃馏分。

[3] 也可以用减压蒸馏。苯乙酮在不同压力下的沸点见表 5-1。

表 5-1　苯乙酮在不同压力下的沸点

蒸气压/kPa	0.133	1.33	5.33	13.33	53.33	101.3
b. p. /℃	37.1	78.0	109.4	133.6	178.0	202.4

六、思考题

1. 本实验成功的关键操作是什么？

2. 滴加乙酸酐时应注意什么问题？

3. 反应完成后加入浓盐酸和冰水混合物的目的是什么？

4. 为什么要用过量无水三氯化铝？

实验三十五　苯甲酸的制备

【预习提示】

1. 预习苯环的稳定性。

2. 苯环侧链上的 α-氢容易被氧化，且无论侧链长短，都能被强氧化剂氧化成羧酸。

一、实验目的

1. 学习以甲苯为原料制备苯甲酸的原理和方法。

2. 掌握回流、过滤、重结晶等操作技能。

二、实验原理

苯甲酸可以用甲苯在强氧化剂的作用下生成。实验室常用的强氧化剂有高锰酸钾、重铬酸钠、硝酸等。高锰酸钾在中性或碱性介质中作氧化剂时，锰原子的价态由 +7 下降为 +4，生成二氧化锰，它不溶于水而沉淀；在强酸性介质中，锰原子的价态则由 +7 降至 +2，形成二价锰盐。由于在酸性介质中，高锰酸钾对烷基芳烃的氧化常伴随着脱羧反应，因而本实验采用较温和的氧化条件，先使甲苯被碱性介质中的高锰酸钾氧化生成苯甲酸盐，然后再酸化生成苯甲酸。反应式如下：

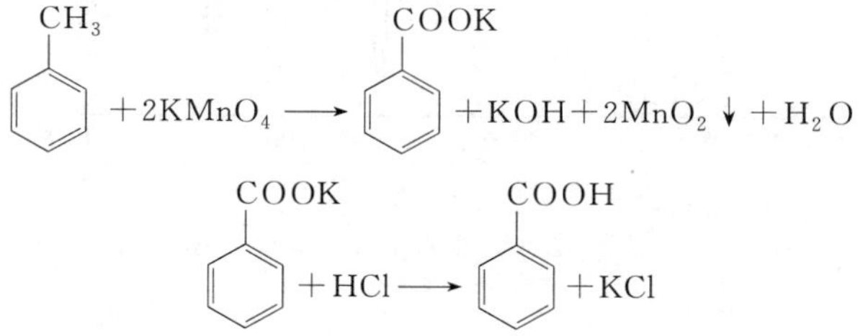

$$\text{CH}_3\text{-C}_6\text{H}_5 + 2\text{KMnO}_4 \longrightarrow \text{COOK-C}_6\text{H}_5 + \text{KOH} + 2\text{MnO}_2\downarrow + \text{H}_2\text{O}$$

$$\text{COOK-C}_6\text{H}_5 + \text{HCl} \longrightarrow \text{COOH-C}_6\text{H}_5 + \text{KCl}$$

三、仪器与试剂

1. 仪器

100mL 圆底烧瓶、球形冷凝器、电热套、布氏漏斗、抽滤瓶、250mL 烧杯、表面皿、循环水真空泵等。

2. 试剂

甲苯 1mL(0.867g)、高锰酸钾 3.3g(0.1mol)、沸石、饱和氢氧化钠溶液、亚硫酸钠、浓盐酸、蒸馏水。

四、实验步骤

在 100mL 圆底烧瓶中加入 3.3g 高锰酸钾、1mL 甲苯、1mL 饱和氢氧化钠溶液、25mL 水和几粒沸石，摇匀后安装加热回流装置。根据电热套高度固定好圆底烧瓶，装球形冷凝管[1]，接通冷凝水，打开电热套将反应液加热至沸腾。继续小火加热回流，直到回流液不再有明显油珠为止（约需 4h）。

装好减压过滤装置，将反应混合物趁热减压过滤。滤液如果呈紫色，可加入少量亚硫酸钠使紫色褪去，加热至沸腾后重新减压过滤。滤液放在冰水浴中冷却，然后用浓盐酸酸化，直到溶液呈强酸性，苯甲酸全部析出为止。

将析出的苯甲酸减压过滤，并用少量冷水或母液洗涤，挤压出水分。把制得的苯甲酸放在表面皿上烘干、称量、计算产率。

产品可用热水重结晶，纯苯甲酸为无色针状晶体，m. p. 122.4℃。苯甲酸的红外光谱见图 5-11。

五、注释

[1] 因甲苯蒸气有毒，为减少其向空气中排放，可在冷凝管上口塞一小团疏松的脱脂棉，但注意不可堵死管口，以免发生意外。

六、思考题

1. 在氧化反应中，影响苯甲酸产量的主要因素是哪些？
2. 反应完毕后，如果滤液呈紫色，为什么要加亚硫酸钠？
3. 精制苯甲酸还有什么方法？
4. 红外光谱图中苯甲酸的特征吸收峰有哪些？

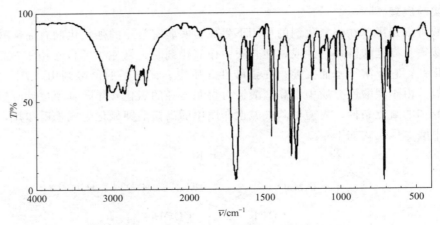

图 5-11　苯甲酸的红外光谱图（固态，KBr 压片）

实验三十六　环己酮的制备

【预习提示】

1. 预习醇的氧化制取醛、酮的方法。

2. 预习醇的氧化时氧化剂的选择。

【安全提示】

铬酸和次氯酸钠具有氧化性，操作时要小心！若不慎溅及皮肤，应立即用水冲洗。

一、实验目的

1. 学习次氯酸钠氧化法、铬酸氧化法制备环己酮的原理和方法。

2. 学习带有电动搅拌装置的操作。

3. 掌握浓缩、过滤和重结晶等操作。

二、实验原理

本实验分别用铬酸和次氯酸钠作氧化剂，将环己醇氧化成环己酮。反应如下：

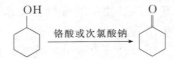

三、仪器与试剂

1. 仪器

250mL 三颈圆底烧瓶、电动搅拌器、滴液漏斗、分液漏斗、水浴锅、温度计、球形冷凝管、电热套、蒸馏头、直形冷凝管等。

2. 试剂

环己醇 5.2mL（5g，0.05mol）、冰乙酸 25mL、次氯酸钠溶液 38mL（约 1.8mol·L^{-1}）、碘化钾-淀粉试纸、饱和亚硫酸氢钠溶液、氯化铝、无水碳酸钠、乙醚、精制食盐、铬酸溶液 50mL、无水硫酸钠、沸石、5% 碳酸钠溶液。

四、实验步骤

方法一：用次氯酸钠作氧化剂

向装有搅拌器、滴液漏斗和温度计的 250mL 三颈圆底烧瓶（如图 5-12 所示）中依次加入 5.2mL 环己醇和 25mL 冰乙酸。开动搅拌器，在冰水浴冷却下，将 38mL 次氯酸钠溶液通过滴液漏斗逐滴加入反应瓶中，并使瓶内温度维持在 30～35℃，加完后搅拌 5min，用碘化钾-淀粉试纸检验应呈蓝色，否则应再补加 5mL 次氯酸钠溶液，以确保有过量次氯酸钠存在，使氧化反应完全。在室温下继续搅拌 30min，加入饱和亚硫酸氢钠溶液至反应液对碘化钾-淀粉试纸不显蓝色为止[1]。

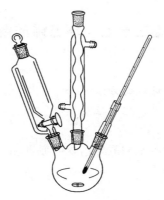

图 5-12　环己酮制备装置

向反应混合物中加入 30mL 水、3g 氯化铝[2] 和几粒沸石，在石棉网上加热蒸馏至馏出液无油珠滴出为止[3]。在搅拌下向馏出液中分批加入无水碳酸钠至反应液呈中性，然后加入精制食盐使之变成饱和溶液[4]，将混合液倒入分液漏斗中，分出有机层[5]；用无水硫酸钠干燥，蒸馏收集 150～155℃馏分。称重，计算产率。

方法二：用铬酸作氧化剂

向装有 50mL 滴液漏斗、搅拌装置和回流冷凝管的 250mL 三颈圆底烧瓶中依次加入 5.2mL 环己醇（约 0.05mol）和 25mL 乙醚，摇匀，冷却到 0℃。将已冷至 0℃的 50mL 铬酸溶液[6] 分两次倒入滴液漏斗中，在剧烈搅拌下，10min 内将铬酸溶液滴入反应瓶中。加完后再继续剧烈搅拌 20min，用分液漏斗分出醚层[7]，水层用乙醚萃取 2 次（每次 15mL），合并有机相。有机相用 15mL 5％碳酸钠溶液洗涤 1 次，然后用 4～5mL 水洗涤，用无水硫酸钠干燥后过滤，用 50～55℃水浴蒸馏回收乙醚，再蒸馏收集 152～155℃馏分。称重，计算产率。

纯环己酮：b. p. 155.6℃，$n_D^{20} = 1.4520$，$d_4^{20} = 0.95$。

五、注释

[1] 约需 5mL 饱和亚硫酸氢钠溶液，此时发生下列反应：

$$ClO^- + HSO_3^- \longrightarrow Cl^- + H^+ + SO_4^{2-}$$

[2] 加氯化铝可预防蒸馏时发泡。

[3] 环己酮和水形成恒沸点混合物，沸点为 95℃，含环己酮 38.4％，馏出液中含有乙酸，沸程为 94～100℃。

[4] 31℃时环己酮在水中的溶解度为 2.4g/100mL。加入精盐是为了降低环己酮的溶解度并有利于环己酮的分层。

[5] 水层若用 2×10mL 乙醚萃取，合并环己酮粗品和醚萃取液，经干燥、回收乙醚（注意安全！）后再蒸馏收集产品，产率会提高到 78％左右。

[6] 铬酸溶液的配制方法如下：将 20g(0.066mol)Na₂Cr₂O₇·2H₂O 溶于 60mL 水中，在搅拌下慢慢加入 26.8g(14.8mL，0.268mol)98％浓硫酸，最后稀释至 100mL。

[7] 由于上、下两层都带深棕色，不易看清其界面，加少量乙醚或水后则易看清。

六、思考题

1. 环己醇用铬酸氧化得到环己酮，用高锰酸钾氧化则得己二酸，为什么？
2. 利用伯醇氧化制备醛时，为什么要将铬酸加入醇中而不是将醇加入铬酸中？
3. 蒸馏产品时，应选用什么冷凝管？

实验三十七　环己烯的制备

【预习提示】

1. 预习经醇分子内脱水制取烯烃的方法。
2. 预习环己醇和环己烯的物理、化学性质。

一、实验目的

1. 学习用浓磷酸催化环己醇脱水制取环己烯的原理和方法。
2. 掌握分馏和蒸馏的基本操作。

二、实验原理

本实验用环己醇在浓磷酸[1] 催化作用下脱水来制备环己烯。反应式如下：

$$\text{环己醇} \xrightarrow[\triangle]{\text{浓磷酸}} \text{环己烯} + H_2O$$

根据环己烯的沸点比环己醇的沸点低得多这一事实[2]，通过将生成的烯和水的混合物从反应体系中蒸馏出来促使反应向右进行，提高反应收率。

三、仪器与试剂

1. 仪器

50mL 圆底烧瓶、韦氏分馏柱、水浴锅、电热套、直形冷凝管、蒸馏头、温度计、分液漏斗等。

2. 试剂

环己醇 10g（10.4mL，0.1mol）、4mL 浓磷酸、2mL 浓硫酸、氯化钠、碳酸钠溶液（5%）、无水氯化钙、沸石。

四、实验步骤

在 50mL 干燥的圆底烧瓶中，加入 10g 环己醇、4mL 浓磷酸（或 2mL 浓硫酸）和数粒沸石，充分振荡使之混合[3]。安装分馏装置，分馏柱为韦氏馏柱。用 50mL 锥形瓶作接收器，置于冰水浴中。用小火加热混合物至沸腾，控制分馏柱顶部馏出的温度不超过 90℃[4]，慢慢地蒸出生成的环己烯和水（浑浊液体）[5]。当无液体蒸出时，可把火加大。当烧瓶中只剩下很少的残渣并出现阵阵白雾时，即可停止加热。全部蒸馏时间约为 1h。

将馏出液体用约 1g 氯化钠饱和，然后加入 5% 碳酸钠溶液 3～4mL 中和微量的酸（或用 20% 氢氧化钠溶液约 0.5mL）。将此液体倒入小分液漏斗中，振荡后静置分层。放出下层的水层，上层的粗产品转入干燥的小锥形瓶中，加入 1～2g 无水氯化钙干燥[6]。将干燥后的粗环己烯（溶液应清亮透明）滤入 50mL 圆底烧瓶中，加入几粒沸石后用水浴加热蒸馏，用一干燥小锥形瓶收集 80～85℃ 的馏分。称重，计算产率。

纯环己烯为无色透明液体，b. p. 83℃，$n_D^{20} = 1.4460$，$d_4^{20} = 0.810$。环己烯的红外光谱

见图 5-13，环己醇的红外光谱见图 5-14。

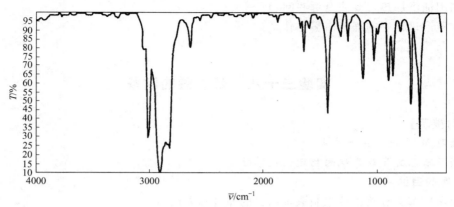

图 5-13　环己烯的红外光谱图

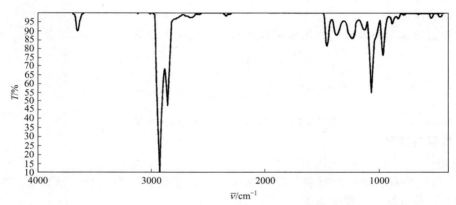

图 5-14　环己醇的红外光谱图

五、注释

［1］脱水剂可以是磷酸或硫酸。磷酸的用量必须是硫酸的两倍以上，但它比硫酸有明显的优点：一是不产生炭渣；二是不产生难闻气味（用硫酸易生成 SO_2 副产物）。

［2］环己醇的沸点 161℃。

［3］由于环己醇在常温下是黏稠状液体，用量筒量取在转移过程中会有损失，可用称量法，即直接在圆底烧瓶中称取环己醇。若用硫酸时，环己醇与硫酸应充分混合，否则，在加热过程中可能发生局部炭化。

［4］最好用油浴加热，使蒸馏烧瓶受热均匀。因为反应中环己烯与水形成共沸物（沸点为 70.8℃，含水为 10％），环己醇与环己烯形成共沸物（沸点为 64.9℃，含环己醇为 30.5％），环己醇与水形成共沸物（沸点为 97.8℃，含水为 80％），所以温度不可过高，蒸馏速度不宜过快，以 2～3 滴/秒为宜，减少未反应环己醇的蒸出量。

［5］在收集和转移环己烯时，最好保持充分冷却，以免因挥发而损失。

［6］水层应分离完全，否则，将达不到干燥的目的。若水浴加热蒸馏时，80℃以下已有大量液体馏出，可能是干燥不够完全所致（氯化钙用量过少或放置时间不够），应将这部分产物重新干燥并蒸馏。用无水氯化钙干燥粗产物，还可除去少量未反应的环己醇。

六、思考题

1. 在制备过程中，为什么要控制分馏柱顶端的温度？

2. 在粗环己烯中，加入精盐使水层饱和的目的是什么？

3. 如用油浴加热，要注意哪些问题？

4. 在蒸馏过程中的阵阵白雾是什么？

实验三十八　苯乙醚的制备

【预习提示】

1. 预习 Williamson 合成法。

2. 预习苯乙醚和碘乙烷的物理、化学性质。

一、实验目的

1. 学习用苯酚和碘乙烷来制取苯乙醚的原理和方法。

2. 掌握回流和蒸馏的基本操作。

二、实验原理

本实验通过苯酚与碘乙烷作用来制取苯乙醚。反应式如下：

$$\text{C}_6\text{H}_5\text{OH} + \text{NaOH} \longrightarrow \text{C}_6\text{H}_5\text{ONa} + \text{H}_2\text{O}$$

$$\text{C}_6\text{H}_5\text{ONa} + \text{C}_2\text{H}_5\text{I} \longrightarrow \text{C}_6\text{H}_5\text{OC}_2\text{H}_5 + \text{NaI}$$

副反应：　　　　$\text{C}_2\text{H}_5\text{I} + \text{NaOH} \longrightarrow \text{C}_2\text{H}_5\text{OH} + \text{NaI}$

三、仪器与试剂

1. 仪器[1]

25mL 圆底烧瓶、球形冷凝管、氯化钙干燥管、水浴锅、温度计、电热套、空气冷凝管、蒸馏头、分液漏斗、锥形瓶等。

2. 试剂

苯酚 2.4g(255mmol)、碘乙烷 2.6mL(32mmol)、NaOH 1.2g(30mmol)、无水乙醇、5％氢氧化钠溶液、无水氯化钙、沸石。

四、实验步骤

在 25mL 圆底烧瓶中，放入 1.2g 氢氧化钠、7.5mL 无水乙醇和 2.4g 苯酚，投入 2 粒沸石，装上回流冷凝管，从冷凝管口加入 2.6mL 碘乙烷，冷凝管上口装上氯化钙干燥管，在热水浴上加热回流。当水浴温度达到 75℃左右时，反应物开始沸腾，固体氢氧化钠逐渐溶解。保持水浴温度在 85℃以下，以免碘乙烷因温度太高而汽化逸出。当氢氧化钠全部溶解后，烧瓶内又慢慢出现白色沉淀，并不断增多，此时水浴温度可控制在 90～95℃，保持反应液沸腾[2]。当溶液不显碱性时，表明反应已经完全[3]。反应时间约 2h。待反应物稍冷后，将回流装置改装成蒸馏装置，另加 2 粒沸石，把反应混合物中的乙醇尽量蒸馏出来。在残留物中加少量的水使碘化钠溶解，倒入分液漏斗中，分去水层。粗苯乙醚用 5％氢氧化钠溶液洗涤后，用无水氯化钙干燥。干燥后的液体用电热套加热进行蒸馏，用空气冷凝管，收集 168～173℃的馏分，称重，计算收率[4]。

纯苯乙醚为无色液体，b. p. 170℃，$d_4^{20} = 0.9651$，$n_D^{20} = 1.5075$。苯酚的红外光谱见图 5-15。

五、注释

[1] 本实验在反应过程中所用仪器必须是干燥的。

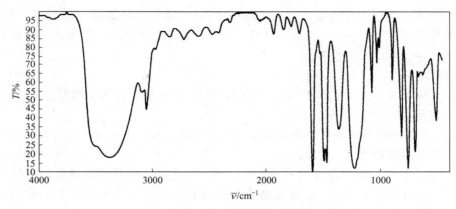

图 5-15　苯酚的红外光谱图

［2］在加热回流过程中，如果发生分层现象，可再加入无水乙醇。

［3］如果加的氢氧化钠量过多，或者碘乙烷在未反应时逃逸损失一部分，则可能经过长时间回流溶液仍呈碱性，无法判明反应是否完全。

［4］若用金属钠代替氢氧化钠，产量可以提高。

六、思考题

1. 如何检验反应已经完全？
2. 在制备苯乙醚时，无水乙醇起什么作用？为什么不用普通 95％乙醇？
3. 加热完毕后，为什么要尽量把乙醇蒸出？

实验三十九　苯甲醇和苯甲酸的制备

【预习提示】

1. 预习康尼查罗（Cannizzaro）反应。
2. 预习苯甲醛、苯甲醇、苯甲酸的物理、化学性质。

一、实验目的

1. 学习康尼查罗反应制取醇和酸的方法。
2. 掌握常压蒸馏、减压蒸馏和减压抽滤的基本操作。

二、实验原理

苯甲醛[1] 在浓的氢氧化钠溶液中，发生氧化还原反应，一分子醛被还原成苯甲醇[2]，另一分子醛被氧化成苯甲酸[3]。因为在碱性氢氧化钠溶液中苯甲酸会生成苯甲酸钠，所以最后需要用盐酸酸化方可得到苯甲酸。反应式如下：

$$2 \, \text{C}_6\text{H}_5\text{CHO} + \text{NaOH} \longrightarrow \text{C}_6\text{H}_5\text{CH}_2\text{OH} + \text{C}_6\text{H}_5\text{CO}_2\text{Na} \xrightarrow{\text{H}^+} \text{C}_6\text{H}_5\text{COOH}$$

三、仪器与试剂

1. 仪器

磁力搅拌器、三颈圆底烧瓶（100mL）、恒压滴液漏斗、分液漏斗、烧杯、布氏漏斗、抽滤瓶、圆底烧瓶（100 mL）、直形冷凝管、空气冷凝管、蒸馏头、温度计、接液管、锥形瓶、阿贝折光仪、熔点测定仪等。

2. 试剂

苯甲醛、氢氧化钠、甲基叔丁基醚（乙酸乙酯）、浓盐酸、无水硫酸镁。

四、实验步骤

1. 在 100mL 三颈圆底烧瓶中加入 12g 氢氧化钠和 18mL 水，将其放入冰水浴中，磁力搅拌，使反应液温度降至 5℃左右。

2. 在搅拌下由恒压滴液漏斗慢慢滴加 14.0mL 苯甲醛，控制滴加速度，使反应温度保持在 8～15℃之间，滴加完后，在冰水浴中继续搅拌 30min，反应过程中生成白色糊状物（也可不用磁力搅拌器，用玻璃棒搅拌、滴管滴加苯甲醛。）

3. 搅拌下向三颈圆底烧瓶中加入适量水（大约 60mL），充分溶解，得白色溶液，倒入分液漏斗中，用乙酸乙酯（甲基叔丁基醚）萃取（15mL×4），合并有机相，无水硫酸镁干燥。用 100mL 圆底烧瓶在热水浴上常压蒸出乙酸乙酯（甲基叔丁基醚），然后减压蒸馏苯甲醇，收集馏分，称重，测折射率。

4. 乙酸乙酯（甲基叔丁基醚）萃取过的水溶液，加入浓盐酸酸化至 pH＝3，充分冷却，有晶体析出，用布氏漏斗抽滤，得粗苯甲酸。将其用水进行重结晶，得白色针状晶体，称重，测熔点。

苯甲醇与苯甲酸的红外光谱见图 5-16 和图 5-17。

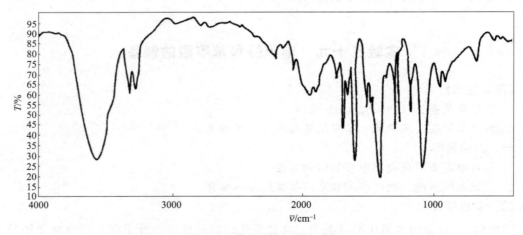

图 5-16 苯甲醇的红外光谱图

五、注释

[1] 纯苯甲醛为无色液体，具有苦杏仁、樱桃及坚果香。

[2] 常压下苯甲醇的沸点为 205.35℃，折射率为 $n_D^{20}=1.5396$。

[3] 纯苯甲酸为白色针状晶体，m.p.122 ℃。

六、思考题

1. 试比较歧化反应与醇醛缩合反应所用的醛在结构上有何差异？反应条件有何不同？

2. 根据什么原理来分离提纯苯甲醇和苯甲酸？

3. 在反应过程中析出的白色浆状物是什么？

4. 乙酸乙酯萃取过的水溶液，若用 50％H_2SO_4 酸化，是否合适？

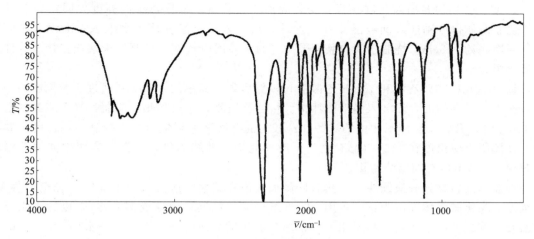

图 5-17　苯甲酸的红外光谱图

实验四十　乙酸乙酯的制备

【预习提示】

1. 预习酸和醇的酯化反应，酯化反应的催化剂和反应温度。

2. 酯化反应的特征。

一、实验目的

1. 学习用醇和酸制备酯的原理和方法。

2. 掌握分液漏斗的使用和蒸馏的基本操作。

二、实验原理

本实验通过由乙酸和乙醇在少量浓硫酸催化下制取乙酸乙酯。主反应式如下：

$$CH_3COOH + C_2H_5OH \underset{110 \sim 125 ℃}{\overset{H_2SO_4}{\rightleftharpoons}} CH_3COOC_2H_5 + H_2O$$

为促使可逆反应向右进行，获得较高产率的酯，本实验中通常增加乙醇的用量以及不断从反应体系中移去产物乙酸乙酯和水。另外，为了减少副反应的发生，在实验中应严格将反应温度控制在 110～125℃。

副反应：

$$2C_2H_5OH \xrightarrow[140℃]{H_2SO_4} C_2H_5OC_2H_5 + H_2O$$

三、仪器与试剂

1. 仪器

125mL 三颈烧瓶、50mL 蒸馏烧瓶、滴液漏斗、直形冷凝管、电热套、温度计、温度计套管、蒸馏头、锥形瓶、分液漏斗等。

2. 试剂

乙酸 10mL(0.18mol)、95％乙醇 13mL、浓硫酸 3mL、饱和氯化钙溶液、饱和碳酸钠溶液、饱和氯化钠溶液、无水硫酸镁、沸石。

四、实验步骤

在 125mL 三颈烧瓶中加入 3mL 95％乙醇，冷水冷却的同时，边摇动边加入 3mL 浓硫酸[1]，使混合均匀并加入几粒沸石。安装滴加蒸馏装置：根据热源的高度先固定好三颈烧瓶，烧瓶两侧口分别插入滴液漏斗和温度计，漏斗末端及温度计的水银球必须浸入液面以下，距瓶底约 0.5cm。烧瓶中间口装蒸馏头与直形冷凝管连接，冷凝管末端连接接液管伸入锥形瓶中。

量取 10mL 95％乙醇和 10mL 乙酸混匀，然后先将其中的 3～5mL 通过三颈烧瓶的侧口倾入瓶内，其余的混合液装入滴液漏斗中。接通冷凝水，小火加热反应瓶，当反应温度上升到 110℃时，开始将滴液漏斗中的乙醇和乙酸的混合液滴加到烧瓶中，控制滴加速度不要太快，并控制反应温度在 110～125℃之间。滴加完毕，继续加热，直到反应瓶中液体的温度上升到 130℃不再有馏出液为止。

将馏出液转移到分液漏斗中，然后慢慢加入饱和碳酸钠溶液（约 10mL），振荡，静置，直至无二氧化碳气体逸出为止（可用 pH 试纸检验，酯层显中性或偏碱性），以除去未反应的乙酸。分去下层水溶液，酯层用 10mL 饱和氯化钠溶液洗涤一次，弃去水层，再用 20mL 饱和氯化钙溶液分两次洗涤[2]，分别弃去下层水溶液。将乙酸乙酯倒入干燥的小锥形瓶中，加入无水硫酸镁干燥。

安装普通蒸馏装置，把干燥后的粗乙酸乙酯[3]滤入蒸馏烧瓶，加 2～3 粒沸石，进行蒸馏，收集 73～78℃馏分。馏出液收集在预先称重的干燥锥形瓶中，称重，计算产率。

纯乙酸乙酯是具有果香气味的无色液体，b. p. 77.2℃，$d_4^{20}=0.901$，$n_D^{20}=1.3700$。

五、注释

[1] 硫酸的用量为醇量的 5％时即能起催化作用。稍微增加硫酸用量，由于它的脱水作用而增加酯的产率。但硫酸用量过多时，其氧化作用增强，结果反而对主反应不利。

[2] 用饱和氯化钙溶液洗涤的目的是除去未反应的乙醇。因为氯化钙能与乙醇形成溶于水的络合物。碳酸钠洗涤之后，必须用饱和氯化钠溶液洗一次再用氯化钙溶液洗涤，否则，酯层中以及分液漏斗中残留的 Na_2CO_3 会和加入的 $CaCl_2$ 反应形成 $CaCO_3$，致使分离操作难以进行。

[3] 乙酸乙酯与水、乙醇可形成二元或三元共沸混合物（见表 2-3、表 2-5 和附录 3）。

六、思考题

1. 在本实验中硫酸起什么作用？
2. 制取乙酸乙酯时，哪一种试剂过量？为什么？
3. 蒸出的粗乙酸乙酯中主要有哪些杂质？用饱和碳酸钠洗涤乙酸乙酯的目的是什么？是否可用氢氧化钠溶液代替饱和碳酸钠溶液？
4. 乙醇和乙酸生成乙酸乙酯的平衡常数为 3.77。假如考虑化学平衡，那么本次实验的最高产量是多少？
5. 用饱和氯化钙溶液洗涤，能除去什么？为什么先要用饱和食盐水洗涤？是否可用水代替饱和食盐水洗涤？

实验四十一　苯胺的制备

【预习提示】

1. 预习硝基化合物的还原方法以及所用还原剂种类。
2. 预习苯胺和硝基苯的物理、化学性质。

【安全提示】

苯胺有毒，操作时应避免与皮肤接触或吸入其蒸气。若不慎触及皮肤，先用水冲洗，再用肥皂和温水洗涤！

一、实验目的

1. 学习还原芳香族硝基化合物制备芳胺的原理和方法。

2. 掌握水蒸气蒸馏和萃取的基本操作技能。

二、实验原理

本实验用铁-醋酸还原硝基苯制备苯胺。反应式如下：

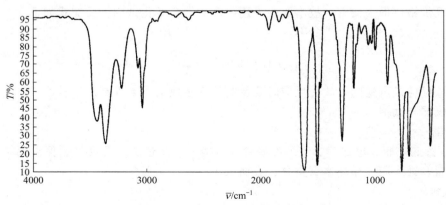

三、仪器与试剂

1. 仪器

25mL 圆底烧瓶、球形冷凝管、电热套、温度计、温度计套管、直形冷凝管、空气冷凝管、蒸馏头、锥形瓶、分液漏斗、水蒸气发生器等。

2. 试剂

铁粉 4g(71mmol)、醋酸 0.2mL、硝基苯 2mL(20mmol)、氯化钠、乙醚、氢氧化钠、沸石。

四、实验步骤

在 25mL 圆底烧瓶中，放置 4g 铁粉（40～100 目）、4mL 水和 0.2mL 醋酸，用力振摇使反应物充分混合。装上回流冷凝管，用小火缓缓煮沸 5min[1]。稍冷后，从冷凝管顶端分批加入 2mL 硝基苯。每次加完后用力振摇，使反应物充分混合，反应强烈放热，足以使溶液沸腾。加完后，加热回流 0.5h，并不断摇动圆底烧瓶，使反应完全[2]。

将反应瓶改成水蒸气蒸馏装置，进行水蒸气蒸馏直至馏出液澄清为止，约收集 20mL 馏出液。分出有机层。水层用氯化钠饱和（需 4～5g）后，每次用 2mL 乙醚萃取 3 次，合并乙醚萃取液，用粒状氢氧化钠干燥。

将干燥后的乙醚萃取液滤入干燥的蒸馏瓶中。先蒸去乙醚，再换空气冷凝管加热收集 180～185℃的馏分[3]。

纯苯胺为无色液体，b. p. 184.4℃，$n_D^{20} = 1.5863$，$d_4^{20} = 1.02$。苯胺的红外光谱见图 5-18。

图 5-18　苯胺的红外光谱图

五、注释

[1] 这步主要是使反应物活化。铁与醋酸作用产生醋酸亚铁，也可使铁转变为碱式醋酸铁的过程加速，缩短还原时间。

[2] 硝基苯为黄色油状物，如果回流液中黄色油状物消失而转变成乳白色油珠（由游离苯胺引起），表示反应已经完全。还原作用必须完全，否则残留在反应物中的硝基苯在以下几步提纯过程中很难分离，影响产品纯度。

[3] 反应完毕，圆底烧瓶壁上黏附的黑褐色物质，可用 1∶1（体积比）温热盐酸水溶液除去。

六、思考题

1. 如果以盐酸代替醋酸，则反应后要加入饱和碳酸钠至溶液呈碱性后，才进行水蒸气蒸馏，这是为什么？本实验为何不进行中和？

2. 有机物必须具备什么性质才能采用水蒸气蒸馏提纯？本实验为何选择水蒸气蒸馏法把苯胺从反应混合物中分离出来？

3. 如果最后制得的苯胺含有硝基苯，应如何加以分离提纯？

实验四十二 乙酰苯胺的制备

【预习提示】

1. 预习通过胺的酰基化反应制取酰胺的方法。

2. 预习苯胺和乙酰苯胺的物理、化学性质。

【安全提示】

苯胺有毒。操作时应避免与皮肤接触或吸入其蒸汽。若不慎触及皮肤，先用水冲洗，再用肥皂和温水洗涤！

一、实验目的

1. 学习合成乙酰苯胺的原理和方法。

2. 熟练掌握回流、热过滤和抽滤等操作。

二、实验原理

乙酰苯胺可以通过苯胺与酰基化试剂（如乙酰氯、乙酸酐或冰乙酸）作用来制备。乙酰氯、乙酸酐与苯胺反应过于剧烈，不宜在实验室内使用，而冰乙酸与苯胺反应比较平稳，容易控制，且价格也最为便宜，故本实验采用冰乙酸做酰基化试剂。反应式如下：

$$\text{（}\overset{NH_2}{\bigcirc\hspace{-0.3em}}\text{）} + CH_3COOH \Longrightarrow \text{（}\overset{NHCOCH_3}{\bigcirc\hspace{-0.3em}}\text{）} + H_2O$$

由于该反应是可逆的，故在反应时要及时除去生成的水来提高产率。

三、仪器与试剂

1. 仪器

25mL 圆底烧瓶、电热套、直形冷凝管、分馏柱、蒸馏头、温度计、保温漏斗、布氏漏斗、吸滤瓶、锥形瓶、循环水真空泵、表面皿等。

2. 试剂

苯胺 4mL、冰乙酸 3mL、锌粉、活性炭、沸石。

四、实验步骤

在 25mL 圆底烧瓶中加入 4mL 新蒸馏过的苯胺[1]、3mL 冰乙酸、少量锌粉[2] 和 1 粒沸石,安装分馏装置。加热分馏,控制加热速度,保持温度计读数在 100～105℃。经过 40～50min,反应所生成的水可完全被蒸除。当温度计的读数发生上下波动时(有时反应容器内出现白雾),反应即达终点,停止加热。

在不断搅拌下,把反应混合物趁热以细流慢慢倒入盛有 50mL 水的烧杯中,继续剧烈搅拌。冷却,使粗乙酰苯胺成细粒状完全析出。抽滤,用玻璃钉把固体压碎。再用 5mL 冷水分两次洗涤以除去残留的酸液。尽量抽干,粗产物称重。

粗乙酰苯胺用水重结晶精制。先按粗产物质量及其在 80℃时的溶解度[3] 计算用水量。将粗乙酰苯胺加入水中,搅拌下加热至沸腾。如果仍有未溶解的油珠[4],则剧烈搅拌。若油珠仍不溶解,需补加适量热水,直至油珠完全溶解为止。让溶液冷至沸点以下[5],加适量粉末状活性炭,用玻璃棒搅拌并煮沸 1～2min。趁热用预热好的保温漏斗过滤[6],滤液收集在烧杯中。未过滤的溶液继续在电炉上加热。若滤液仍有色,再进行活性炭脱色一次。

在收集滤液的烧杯上盖上表面皿,令其自然冷却至室温。待结晶大致完全时,用冰水浴冷却 15min 使结晶完全。

减压抽滤,用少量冷水洗涤两次,然后用玻璃钉挤压结晶。产品收集在表面皿上,烘箱中 80℃烘干,称重,计算产率,测熔点。用红外光谱鉴定。

纯乙酰苯胺是无色片状结晶,m.p.114℃,乙酰苯胺的红外光谱见图 5-19。

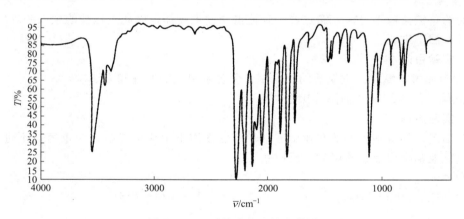

图 5-19　乙酰苯胺的红外光谱图

五、注释

[1] 久置的苯胺颜色变深,会影响生成的乙酰苯胺的质量。另外,苯胺有毒,避免吸入其蒸汽或与皮肤接触。

[2] 锌粉的作用是防止苯胺在反应过程中氧化。但注意不能加得过多,否则在后处理中会出现不溶于水的氢氧化锌。

[3] 乙酰苯胺在水中的溶解度见表 5-2。在以后的各步加热煮沸时,会蒸发掉一部分水,需随时补加热水。

表 5-2　乙酰苯胺在水中的溶解度

温度/℃	20	25	50	80	100
溶解度/(g/100mL H_2O)	0.46	0.56	0.84	3.45	5.5

［4］此油珠是熔融状态的含水乙酰苯胺（83℃时含水 13％）。如果溶液温度在 83℃以下，溶液中未溶解的乙酰苯胺以固态存在。

［5］在沸腾的溶液中加入活性炭，会引起暴沸，致使溶液冲出容器。

［6］事先将玻璃漏斗放在水浴中预热，切不可直接放在石棉网上加热。最好用保温漏斗过滤，也可以用预热好的布氏漏斗减压过滤。布氏漏斗和吸滤瓶放在水浴上预热，以防乙酰苯胺晶体在布氏漏斗内析出。

六、思考题

1. 反应时为什么要控制柱顶温度在 100～105℃？

2. 为什么反应完成后要将混合物趁热倒入 50mL 冷水中？

3. 在重结晶操作中，必须注意哪几点才能使产品产率高、质量好？

实验四十三　邻氯苯甲酸的制备

【预习提示】

1. 预习重氮化反应及重氮盐参与的有机合成反应。

2. 预习邻氯苯甲酸的物理、化学性质。

【安全提示】

干燥的重氮盐极不稳定，遇热或受到撞击会发生爆炸，因此重氮盐的生成和反应必须在水溶液及低温下进行！

一、实验目的

1. 学习通过重氮化及重氮盐的反应制备邻氯苯甲酸的原理和方法。

2. 熟练掌握重结晶和抽滤等操作。

二、实验原理

在低温下，邻氨基苯甲酸在亚硝酸钠和盐酸作用下生成重氮盐，该重氮盐不进行分离，直接与氯化亚铜生成邻氯苯甲酸。反应式如下：

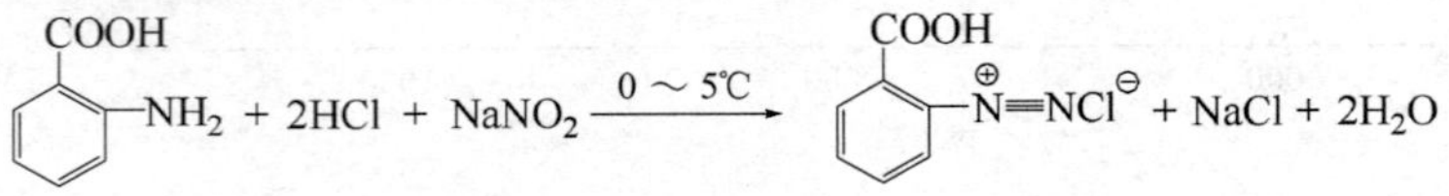

$$2 CuSO_4 + 2NaCl + 2NaHSO_3 + 2NaOH \longrightarrow 2CuCl\downarrow + Na_2SO_4 + Na_2SO_3 + 2NaHSO_4 + H_2O$$

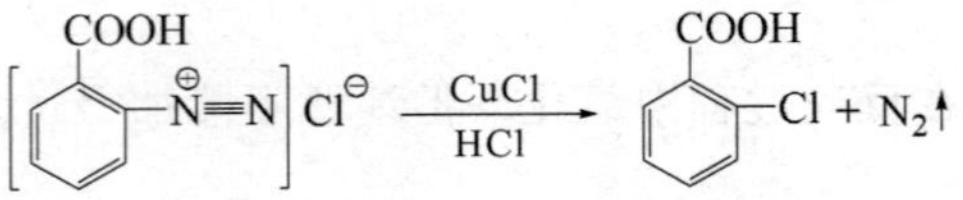

三、仪器与试剂

1. 仪器

50mL 锥形瓶、水浴锅、温度计、30mL 圆底烧瓶、电热套、布氏漏斗、抽滤瓶、循环水真空泵等。

2. 试剂

邻氨基苯甲酸 2g（0.0146mol）、亚硝酸钠 1.2g（0.0174mol）、结晶硫酸铜 4g

（0.016mol）、氯化钠 1.5g(0.026mol)、氢氧化钠 0.8g(0.02mol)、亚硫酸氢钠、浓盐酸、乙醇、活性炭、碘化钾-淀粉试纸。

四、实验步骤

在 50mL 锥形瓶中，放入 2g 邻氨基苯甲酸及 8mL 稀盐酸（1∶1），加热使之溶解，用冰盐浴冷却至 0～5℃（此时会有晶体重新析出。在重氮化反应时，要等固体全部消失后再检验终点）。在不断振荡下，往锥形瓶里先快后慢地滴加冷的亚硝酸钠溶液（1.2g 亚硝酸钠溶解于 10mL 水），用碘化钾-淀粉试纸检验重氮化反应的终点，当反应液滴在试纸上立即出现蓝色时，表示反应已到终点[1]，制成的重氮盐溶液置于冰水浴中备用。

在 30mL 圆底烧瓶中放入 4g 结晶硫酸铜、1.5g 氯化钠及 15mL H_2O，加热使之溶解。趁热（60～70℃）在振荡下加入 1g 亚硫酸氢钠、0.8g 氢氧化钠和 8mL H_2O 配制的溶液。反应液由蓝绿色渐变为浅绿色（或无色），并析出白色氯化亚铜沉淀。把反应混合物置于冰浴中冷却。倾去上层浅绿色溶液，沉淀用水洗涤两次。减压过滤，挤压去水分，得到白色氯化亚铜沉淀，把氯化亚铜溶于 6mL 冷的浓盐酸中，塞紧瓶塞，置于冰水浴中备用。

在振荡下将冷的氯化亚铜的盐酸溶液慢慢加到冷的重氮盐溶液里[2]，反应明显地进行并产生泡沫（如加入过快会有大量泡沫产生，有可能溢出瓶外）。加完后，静置 2～3h，间歇振荡。减压过滤析出邻氯苯甲酸，用少量水洗涤，挤压去水分，晾干。

粗产品用热水（含少量乙醇）进行重结晶。得无色针状晶体，m.p.138～139℃。

纯邻氯苯甲酸为无色针状晶体，m.p.142℃。

五、注释

[1] 在接近重氮化反应终点时，邻氨基苯甲酸与亚硝酸的反应稍慢，因此有必要在滴加亚硝酸钠溶液后搅拌 2min 才进行终点试验。

[2] 也可将冷的重氮盐溶液加到冷的氯化亚铜盐酸溶液中。

六、思考题

1. 在制备重氮盐时，为什么要等固体全部消失了再检验重氮化反应的终点？

2. 如果在重氮化操作中加入了过多的亚硝酸钠，应如何处理？

3. 如何用邻氨基苯甲酸制备邻碘苯甲酸？

实验四十四　肉桂酸的制备

【预习提示】

1. 预习 Perkin 反应及反应条件。

2. 预习苯甲醛、乙酸酐和肉桂酸的物理、化学性质。

一、实验目的

1. 学习 Perkin 反应原理和实验方法。

2. 掌握回流和水蒸气蒸馏等实验技术。

二、实验原理

本实验通过苯甲醛与乙酸酐在乙酸钾的催化下，发生 Perkin 反应来制备肉桂酸。反应式如下：

$$\text{C}_6\text{H}_5\text{CHO} + (\text{CH}_3\text{CO})_2\text{O} \xrightarrow[\text{2. HCl}]{\text{1. CH}_3\text{COOK}} \text{C}_6\text{H}_5\text{CH}=\text{CHCOOH} + \text{CH}_3\text{COOH}$$

三、仪器与试剂

1. 仪器

250mL 三颈圆底烧瓶、温度计、空气冷凝管、氯化钙干燥管、电热套、水蒸气蒸馏装置、布氏漏斗、抽滤瓶、循环水真空泵等。

2. 试剂

苯甲醛 3.2g（3mL，0.03mol）、乙酸酐 6g（5.5mL，0.06mol）、无水醋酸钾 3g（0.03mol）、沸石、碳酸钠、pH 试纸、浓盐酸、活性炭。

四、实验步骤

在干燥的 250mL 三颈圆底烧瓶中依次加入 3g 无水醋酸钾[1]、5.5mL 醋酸酐和 3mL 新蒸馏过的苯甲醛[2]，加入几粒沸石。将三颈圆底烧瓶的中口密封，在一个侧口插入 250℃ 温度计（温度计水银球尽可能接近瓶底），另一侧口安装空气冷凝管，冷凝管上口安装氯化钙干燥管（反应瓶及冷凝管等必须干燥无水）。加热回流 1h，温度维持在 150～170℃。反应完毕，待反应物冷却至 100℃ 左右，向反应瓶中加入 40～50mL 热水。然后边摇动边加入适量的固体碳酸钠（5～7g），使反应混合物呈弱碱性（pH=8）。装配水蒸气蒸馏装置进行水蒸气蒸馏，直到无油状物馏出为止。

将烧瓶中液体混合物倒入烧杯中，加入少量活性炭，加热煮沸 5～10min，趁热抽滤。将滤液转入干净的烧杯中，冷却至室温后，加浓盐酸酸化，使之呈明显酸性（pH=3），再用冰水浴冷却，使肉桂酸尽量析出。抽滤并用少量冷水洗涤，挤压去水分，在 100℃ 以下干燥，称重，计算产率。

粗产物可用水或 30% 乙醇进行重结晶。

纯肉桂酸为无色针状晶体，有顺、反式异构体，通常以反式存在，m.p. 133～134℃。

五、注释

[1] 也可用无水醋酸钠或无水碳酸钾作催化剂。

[2] 久置的苯甲醛含苯甲酸，会影响肉桂酸的质量。

六、思考题

1. 何种结构的醛可进行 Perkin 反应？

2. 能否用氢氧化钠代替碳酸钠来中和水溶液？为什么？

3. 本实验中为什么要用水蒸气蒸馏？水蒸气蒸馏除去什么？

实验四十五　有机碳酸酯的制备

【预习提示】

1. 预习酯交换反应及反应条件。

2. 预习碳酸二甲酯、碳酸二苯酯及碳酸甲苯酯（MPC）的物理、化学性质。

一、实验目的

1. 学习酯交换反应原理和实验方法。

2. 掌握惰性气体保护及减压蒸馏等实验技术。

二、实验原理

碳酸甲苯酯（MPC）是一种重要的有机碳酸酯，是非光气法合成碳酸二苯酯（DPC）的关键中间体。此外，MPC是一种重要的有机化工原料，可用作锂离子电池的电解质、合成精细化学品的极性非质子溶剂或用作制备聚碳酸酯和聚氨酯的单体等，可通过催化的酯交换反应，由碳酸二甲酯和碳酸二苯酯反应得到。反应式如下：

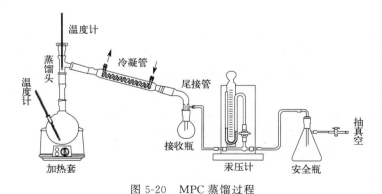

DMC   DPC   MPC

三、仪器与试剂

1. 仪器

磁力加热搅拌器、真空泵、高纯氮气或氩气、双排管、真空表、100mL圆底烧瓶、温度计、冷凝管、恒压滴液漏斗等。

2. 试剂

碳酸二甲酯（DMC）3.6g（3.4mL，0.04mol）、碳酸二苯酯（DPC）8.6g（7.7mL，0.04mol）、二丁基氧化锡（Bu_2SnO）0.6g（0.002mol）。

四、实验步骤

在装有温度计、恒压滴液漏斗和回流冷凝管的100mL圆底烧瓶中，通入高纯氮气置换装置中的空气，然后加入8.6g原料DPC和0.6g催化剂[1] Bu_2SnO[2]，缓慢升温至180℃，开始滴加3.6g DMC，反应体系温度会有所下降，保持反应温度在160~180℃之间进行，滴加完毕再反应3h，反应结束后降至室温，取适量反应液进行色谱分析。反应液采用美国惠普公司HP-6890/5973型气相色谱-质谱联用仪进行定性分析，用上海天美7980型气相色谱仪进行修正归一法定量分析，毛细管色谱柱为HP-5 MS（30m×0.25mm×0.25μm）。

根据它们的沸点不同，可通过蒸馏进行分离。在常压下蒸馏，需较高温度，且MPC在Bu_2SnO存在下会发生歧化反应。因此，采用减压蒸馏进行分离。按图5-20安装反应仪器，将圆底烧瓶安装在减压蒸馏装置上，在真空度45mmHg下连续蒸馏，收集塔顶不同温度下的馏分：40~60℃的馏分主要为DMC，65~90℃的馏分主要为MPC，100~110℃的馏分为DPC。

图 5-20 MPC 蒸馏过程

纯MPC的沸点为213℃。采用FT-IR和[1]H NMR技术对MPC馏分进行结构分析。图5-21为MPC馏分的FT-IR谱图。图5-22为MPC馏分的[1]H NMR谱图（以$CDCl_3$为溶剂）。

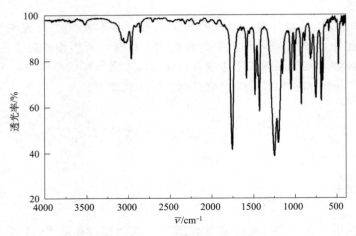

图 5-21　MPC 的 FT-IR 谱图

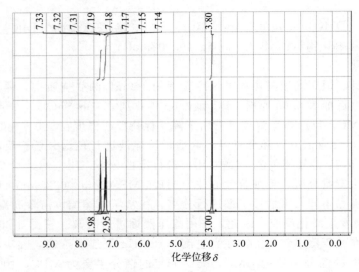

图 5-22　MPC 的 ^{1}H NMR 谱图

五、注释

[1] 催化剂选择金属 Lewis 酸，如三氯化铁、氯化锌、氯化镁、氧化铅等。

[2] 催化剂二丁基氧化锡 Bu_2SnO 为白色到微黄色粉末，熔点＞300℃，水溶性 $4.0mg \cdot L^{-1}$（20℃），溶于盐酸，不溶于水及有机溶剂，遇火自燃。

六、思考题

1. 该酯交换反应是可逆反应，如何控制反应条件获得更高产率？

2. 催化酯交换反应时为什么要用惰性气体保护？

3. 本实验中为什么要用减压蒸馏分离 MPC？

第六章 天然有机化合物的提取与分离

实验四十六 茶叶中咖啡因的提取及其性质

【预习提示】

1. 预习杂环化合物中嘌呤的结构和性质。
2. 预习萃取、蒸馏、升华等基本操作。

一、实验目的

1. 学习从茶叶中提取咖啡因的基本原理和方法，了解咖啡因的一般性质。
2. 掌握用索氏提取器提取有机物的原理和方法。
3. 熟悉液固萃取、蒸馏、升华等基本操作。

二、实验原理

咖啡因是杂环化合物嘌呤的衍生物，呈弱碱性，常以盐或游离状态存在。它的化学名称是 1,3,7-三甲基-2,6-二氧嘌呤，结构式如下：

含结晶水的咖啡因是无色针状结晶，味苦，能溶于氯仿、丙酮、乙醇和水（热水中溶解度更大），但难溶于冷的乙醚和苯。纯品的熔点为 $235 \sim 236℃$[1]。在 $100℃$ 时失去结晶水，并开始升华，$120℃$ 时显著升华，$178℃$ 时迅速升华。它是一种温和的兴奋剂，具有刺激心脏、兴奋中枢神经和利尿等作用，是中枢神经兴奋药，也是复方阿司匹林药物的成分之一。

根据咖啡因的溶解性能和易升华的特点，实验室常用的提取咖啡因的方法有两种：一种是用碳酸钠热溶液游离咖啡因，再用氯仿萃取；另一种是用索氏提取器提取，然后浓缩，升华得到咖啡因固体。粗咖啡因中还含有其他一些生物碱和杂质（如单宁酸等），可利用升华法进一步提纯。

咖啡因存在于茶叶、咖啡豆、可可等多种植物组织中。茶叶中约含有 $1\% \sim 5\%$ 的咖啡因，还含有 $11\% \sim 12\%$ 的单宁酸和 0.6% 的色素、纤维素以及蛋白质等，其中单宁酸也易溶于水和乙醇。因此，用水提取时，单宁酸即混溶于茶汁中。为了除去单宁酸，可以加碱，使单宁酸成盐而与咖啡因分离。

咖啡因可以通过测定熔点及光谱法进行鉴定。

三、仪器与试剂

1. 仪器

索氏提取器（250mL）、水浴锅、玻璃漏斗、蒸发皿、常压蒸馏装置、电热套等。

2. 试剂

干茶叶、生石灰、95％乙醇、滤纸、脱脂棉。

四、实验步骤

1. 仪器装置

索氏提取器由烧瓶、抽筒和冷凝管三部分组成[2]，装置如图 6-1 所示。索氏提取器是利用溶剂回流及虹吸原理，使固体物质每次都被纯的溶剂所萃取，因而萃取效率很高。萃取前，应先将固体物质研细，以增加溶剂浸溶的面积，然后将研细的固体物质装入滤纸筒内[3]，再置于抽筒中，烧瓶内盛溶剂，并与抽筒相连，抽筒上端接冷凝管。溶剂受热沸腾，其蒸汽沿抽筒侧管上升至冷凝管，冷凝为液体，滴入滤纸筒中，并浸泡筒中样品。当液面超过虹吸管最高处时，即虹吸流回烧瓶，从而萃取出样品中的部分物质。如此多次循环，把要提取的物质富集于烧瓶内。提取液经常压（或减压）浓缩除去溶剂后，即得粗产物。

2. 提取

称取干茶叶 10g，装入滤纸筒内，轻轻压实，滤纸筒上口盖一片圆形滤纸或一小团脱脂棉，置于抽筒中。圆底烧瓶内加入约 120mL 95％乙醇，用水浴加热回流提取，连续提取2～3h，直到烧瓶中液体变深、抽筒中提取液颜色变浅，此时，当抽筒中液体流空时，立即停止加热。

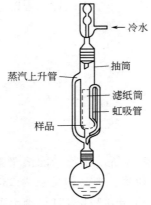

图 6-1　索氏提取器

蒸汽上升管　抽筒　滤纸筒　虹吸管　样品　冷水

将仪器改成蒸馏装置，水浴加热回收提取液中的大部分乙醇[4]，趁热将烧瓶中的残留液倒入蒸发皿中，加入 4g 左右生石灰粉[5]，在蒸汽浴上蒸发至干（不断搅拌，压碎块状物），再用灯焰隔石棉网小火焙烧片刻，除去全部水分[6]，冷却后，擦去沾在边上的粉末，以免升华时污染产物。

用一张刺有许多小孔的圆形滤纸盖在装有粗咖啡因的蒸发皿上，再取一只口径合适的玻璃漏斗罩在滤纸上，漏斗颈部疏松地塞一小团棉花[7]。在石棉网或沙浴上小心加热蒸发皿，逐渐升高温度，使咖啡因升华[8]。咖啡因通过滤纸孔遇到漏斗内壁凝为固体，附着于漏斗内壁和滤纸上。当滤纸上出现大量白色结晶时，暂停加热，让其自然冷却至 100℃左右，揭开漏斗和滤纸，仔细地用小刀把附着于漏斗内壁和滤纸上的咖啡因刮下。将蒸发皿内的残渣加以搅拌，重新罩上滤纸和漏斗，用较大的火焰加热再升华一次。合并两次升华所收集的咖啡因。

3. 测定熔点

测定升华得到的咖啡因晶体的熔点。

4. 称重及产率计算

称量纯净咖啡因的质量，计算茶叶中咖啡因的含量。

$$咖啡因含量＝咖啡因质量/茶叶质量×100\%$$

本实验约需 5～6h。

五、注释

［1］纯咖啡因为白色针状晶体，熔点为 235～236℃。

［2］索氏提取器为配套仪器，其任一部件损坏将会导致整套仪器的报废，特别是虹吸管极易折断，所以在安装仪器和实验过程中须特别小心。

［3］滤纸筒的直径要略小于抽筒的内径，其高度要超过虹吸管，但是样品不得高于虹吸管。如无现成的滤纸筒，可自行制作。

［4］烧瓶中乙醇不能蒸得太干，否则残液黏度大，转移时易造成损失。

［5］拌入生石灰要均匀，生石灰除吸水外，还可中和除去部分酸性杂质。

［6］如留有少量水分，升华开始时，会产生雾，影响咖啡因的质量。

［7］蒸发皿上覆盖有小孔的滤纸是为了避免已升华的咖啡因落入蒸发皿中，纸上的小孔使蒸汽通过，漏斗颈塞棉花，为防止咖啡因蒸汽逸出。

［8］在萃取回流充分的情况下，升华操作的好坏是实验成败的关键，在升华过程中必须严格控制加热温度，温度太低，升华速度较慢，温度太高，将导致被烘物和滤纸炭化，一些有色物质也会被带出来，使产品不纯。

六、思考题

1. 索氏提取器的萃取原理是什么？它与一般的浸泡萃取相比，有哪些优点？

2. 本实验进行升华操作时应注意什么问题？

3. 本实验中使用生石灰的作用是什么？

4. 除可用乙醇萃取咖啡因外，还可采用哪些溶剂萃取？

实验四十七　从槐花米中提取芦丁

【预习提示】

1. 预习醇、酚及酮类物质的相关结构和性质。

2. 预习热过滤、抽滤及重结晶等基本操作。

一、实验目的

1. 掌握从天然产物中用酸碱法提取黄酮苷的原理和方法。

2. 练习热过滤及重结晶等基本操作。

二、实验原理

槐花米是槐系豆科槐属植物的花蕾，性凉、味苦，凉血、止血，主治肠风、痔血、便血等症。槐花米的主要活性成分是芦丁，芦丁含量高达 12%～16%。芦丁，又称芸香苷，有调节毛细血管管壁的渗透性的作用，临床上主要用作毛细血管止血药及高血压症的辅助治疗药物。

黄酮，是黄酮类化合物的总称，泛指两个具有酚羟基的苯环（A-与 B-环）通过中央三碳原子相互连接而成的一系列化合物。它们的分子中都有一个酮式羰基又显黄色，所以称为黄酮，结构式如下：

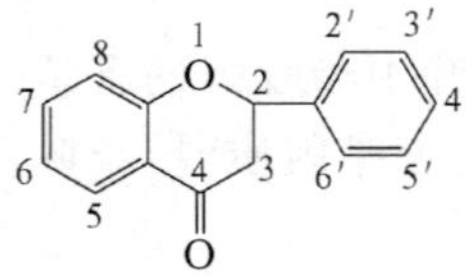

天然黄酮类化合物多以苷类形式存在，并且由于糖的种类、数量、连接位置及连接方式不同可以组成各种各样黄酮苷类。芦丁是一种黄酮苷，其结构如下：

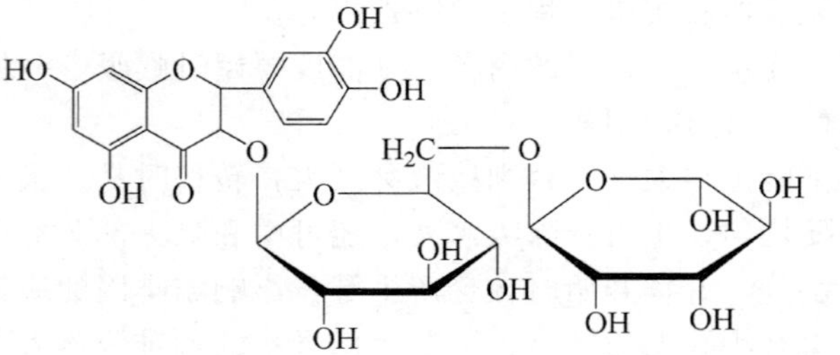

由结构式可以看出，芦丁实际上是由黄酮与葡萄糖和鼠李糖形成的苷。由于含有黄酮结构，所以呈黄色。黄酮部分含有许多酚羟基，故易溶于碱液，酸化后重新析出，这是本实验采用酸碱调节法提取芦丁的依据。

芦丁，淡黄色小针状结晶，含有三分子结晶水，熔点为174～178℃，不含结晶水的熔点为188℃。芦丁在热水中的溶解度为1：200，冷水中为1：8000；热乙醇中为1：60，冷乙醇中为1：650；可溶于吡啶及碱性水溶液，呈黄色，加水稀释后析出；可溶于浓硫酸和浓盐酸呈棕黄色，加水稀释后析出；不溶于乙醇、氯仿、石油醚、乙酸乙酯、丙酮等溶剂。

三、仪器与试剂

1. 仪器

250mL烧杯、100mL量筒、研钵、酒精灯、石棉网、布氏漏斗、抽滤瓶、循环水真空泵等。

2. 试剂

槐花米、饱和石灰水、硼砂、15%盐酸、pH试纸。

四、实验步骤

称取10g槐花米于研钵中研成粉状，置于250mL烧杯中，加入100mL饱和石灰水溶液[1]，加入0.4g硼砂[2]，于石棉网上加热至沸腾，并不断搅拌，煮沸15min，抽滤。滤渣中加入70mL饱和石灰水溶液，煮沸10min，再抽滤。合并两次滤液，然后用15%盐酸中和，调节pH=3～4[3]。放置1～2h，使沉淀完全，抽滤，并用水洗涤2～3次，即得芦丁粗产品。

将制得的芦丁粗产品置于250mL烧杯中，加水100mL，于石棉网上加热至沸腾，在不断搅拌下，慢慢加入饱和石灰水调节溶液的pH=8～9[3]，待沉淀溶解后，趁热过滤。滤液置于250mL烧杯中，用15%盐酸调节溶液的pH=4～5，静置30min，芦丁即以浅黄色结晶析出[4]，抽滤，产品用水洗涤1～2次，烘干、称重、计算收率。

$$芦丁收率=芦丁质量/槐花米质量×100\%$$

五、注释

[1] 槐花米中含有大量多糖、黏液质等水溶性杂质，用饱和石灰水溶液去溶解芦丁时，

上述的含羧基杂质可生成钙盐沉淀，不致溶出。

［2］提取过程中加入硼砂的目的是保护芦丁分子中邻二酚羟基结构不被氧化破坏，并使邻二酚羟基不与石灰水中的钙离子配合（钙盐配合物不溶于水），使芦丁不受损失。同时还具有调节水溶液 pH 值的作用。

［3］碱溶液提取时控制 pH 值为 8～9，不得超过 10。pH 值过高，在加热提取过程中可使芦丁结构被破坏，造成芦丁收率明显下降；酸沉时加盐酸调节 pH 值为 3～4，不宜过低，以免芦丁形成镁盐溶于水而降低收率。

［4］纯芦丁为黄色粉末。

六、思考题

1. 为什么可用碱法从槐花米中提取芦丁？
2. 能否用氢氧化钠溶液代替石灰水？为什么？
3. 实验中加入硼砂的目的是什么？
4. 碱提 pH 值为什么不宜过高？酸沉 pH 值为什么不宜过低？
5. 黄酮类化合物还有哪些提取方法？

实验四十八　从烟草中提取烟碱

【预习提示】

1. 预习水蒸气蒸馏操作。
2. 查阅烟碱的相关知识，了解其结构及其物理化学性质。

一、实验目的

1. 学习水蒸气蒸馏法分离提纯有机物的基本原理和操作技术。
2. 了解生物碱的提取方法及其一般性质。

二、实验原理

在有机物微溶或不溶于水的情况下，与水一起共热时，整个系统的蒸气压为各组分的蒸气压之和，即 $P_总 = P_水 + P_{有机物}$。

当系统大气压与外界大气压相等时，液体沸腾，此时混合物的沸点显然低于任何一个组分的沸点，即有机物可在低于 100℃ 的情况下随水蒸气一起蒸馏出来。

烟碱又名尼古丁，是烟草的一种主要生物碱，于 1928 年首次被分离出来，其结构式为：

烟碱在商业上被用作杀虫剂以及兽医药剂中寄生虫的驱除剂。烟碱剧毒，致死量为 40mg。

烟碱为无色油状液体，沸点为 247℃（99.32kPa），有苦辣味，易溶于水和乙醇。烟碱是含氮的碱性物质，很容易与盐酸反应生成烟碱盐酸盐而溶于水中，在提取液中加入强碱氢氧化钠后，可使烟碱游离出来。游离烟碱在 100℃ 左右具有一定的蒸气压，因此可用水蒸气蒸馏法分离提取。

烟碱具有碱性，可以使红色石蕊试纸变蓝，也可以使酚酞试剂变红。烟碱可被 $KMnO_4$

溶液氧化生成烟酸，与生物碱试剂作用产生沉淀。

水蒸气蒸馏装置如图 6-2。

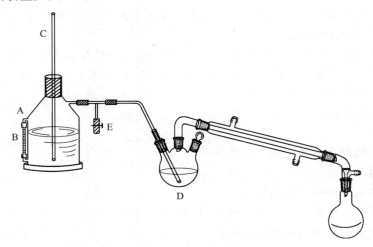

图 6-2　水蒸气蒸馏装置

A—水蒸气发生器；B—水位计；C—安全管；D—蒸馏烧瓶；E—弹簧夹

三、仪器与试剂

1. 仪器

100mL 圆底烧瓶、水蒸气发生器、200mL 长颈圆底烧瓶、直形冷凝管、200mL 蒸馏烧瓶、锥形瓶、球形冷凝管、烧杯、蒸气导出、导入管、T 形管、螺旋夹、接液管、电热套等。

2. 试剂

烟叶、10% HCl 溶液、40% NaOH 溶液、0.5% HAc 溶液、0.5% $KMnO_4$ 溶液、5% Na_2CO_3 溶液、0.1% 酚酞试剂、红色石蕊试纸、饱和苦味酸、碘化汞钾试剂。

四、实验步骤

1. 烟碱的提取

称取 5g 烟叶置于 100mL 圆底烧瓶中，加入 10% HCl 溶液 50mL，安装回流冷凝装置，加热沸腾回流 20min。

待反应液冷却后倒入烧杯中，在不断搅拌下慢慢滴加 40% NaOH 溶液，使之呈明显碱性（用红色石蕊试纸检验，pH≥12）。

将烟碱提取液转入 200mL 长颈圆底烧瓶中，安装水蒸气蒸馏装置。用电热套加热水蒸气发生器，当有大量水蒸气产生时，先通冷凝水，再关闭 T 形管上的螺丝夹，使水蒸气导入 200mL 蒸馏烧瓶进行水蒸气蒸馏[1]。

收集约 20mL 提取液后，先打开螺旋夹，再停止加热。待体系冷却后，关闭冷凝水，停止水蒸气蒸馏[2]。

2. 烟碱的一般性质检验

(1) 碱性试验　取一支试管，加入 10 滴烟碱提取液，再加入 1 滴 0.1% 酚酞试剂，振荡，观察有何现象。

(2) 烟碱的氧化反应　取一支试管，加入 20 滴烟碱提取液，再加入 1 滴 0.5% $KMnO_4$ 溶液和 3 滴 5% 碳酸钠溶液，振荡试管，微热，观察溶液颜色有何变化，有无沉淀生成。

(3) 与生物碱试剂反应　取一支试管，加入 10 滴烟碱提取液，然后逐滴滴加饱和苦味酸，边加边摇，观察有何现象。取一支试管，加入 10 滴烟碱提取液和 5 滴 0.5％醋酸溶液，再加入 5 滴碘化汞钾试剂，观察有何现象。

将上述实验现象填入下表。

实验内容	实验现象	理论解释
10 滴烟碱提取液＋1 滴 0.1％酚酞试剂		
20 滴烟碱提取液＋1 滴 0.5％$KMnO_4$ 溶液＋3 滴 5％碳酸钠溶液		
10 滴烟碱提取液，逐滴滴加饱和苦味酸		
10 滴烟碱提取液＋5 滴 0.5％醋酸溶液，再加入 5 滴碘化汞钾试剂		

五、注释

［1］水蒸气蒸馏时应随时注意安全管中的水柱是否发生急剧上升现象，以及烧瓶中的液体是否发生倒吸现象，一旦发生这种现象，应立即打开 T 形管上的螺丝夹，移去热源，找出原因，排除故障后方可继续蒸馏。

［2］先撤热源会发生倒吸。

六、思考题

1. 与普通蒸馏相比，水蒸气蒸馏有何特点？在什么情况下采用水蒸气蒸馏的方法进行分离提取？

2. 水蒸气蒸馏提取烟碱时，为什么要用 NaOH 中和至明显碱性？

3. 安全管为什么不能抵至水蒸气发生器的底部？

4. 蒸馏过程中若发现水从安全管顶端喷出或发生倒吸现象，应如何处理？

实验四十九　菠菜色素的提取与分离

【预习提示】

1. 预习薄层色谱和柱色谱的相关知识。

2. 预习有机化学教材杂环化合物中吡咯及其衍生物的相关知识。

一、实验目的

1. 通过绿色植物色素的提取和分离，了解天然产物提取和分离的方法。

2. 通过柱色谱和薄层色谱分离操作，加深了解微量有机化合物色谱分离、鉴定的原理。

二、实验原理

绿色植物（如菠菜）的叶、茎中，含有叶绿素（绿色）、胡萝卜素（橙色）和叶黄素（黄色）等多种天然色素。

叶绿素存在两种结构相似的形式，即叶绿素 a（$C_{55}H_{72}O_5N_4Mg$）和叶绿素 b（$C_{55}H_{70}O_6N_4Mg$），其差别仅在于叶绿素 a 中一个甲基被甲酰基所取代而形成了叶绿素 b。叶绿素 a 为蓝黑色固体，在乙醇溶液中呈蓝绿色；叶绿素 b 为暗绿色固体，在乙醇溶液中呈黄绿色。它们都是吡咯衍生物与金属镁的配合物，是植物进行光合作用所必需的催化剂。植物中叶绿素 a 的含量通常是叶绿素 b 的 3 倍，尽管叶绿素分子中含有一些极性基团，但是大的烃基结构使它不溶于水而易溶于乙醇、乙醚、石油醚等有机溶剂。

胡萝卜素（$C_{40}H_{56}$）是一种橙黄色的天然色素，是一种具有长链结构的共轭多烯，属于四萜类化合物，它有三种异构体，即 α-胡萝卜素、β-胡萝卜素和 γ-胡萝卜素，三种异构体在结构上的区别只在于分子的末端，其中 β-胡萝卜素在植物体中含量最多也最重要，在生物体内受酶催化氧化即形成维生素 A。目前 β-胡萝卜素已可进行工业生产，可代替维生素 A 使用，也可作为食品工业中的色素使用。

叶黄素（$C_{40}H_{56}O_2$）是胡萝卜素的羟基衍生物，是一种黄色色素，它在绿叶中的含量通常是胡萝卜素的 2 倍，与胡萝卜素相比，叶黄素较易溶于醇而在石油醚中的溶解度较小。秋天，植物的叶绿素被破坏后，叶黄素的颜色才显现出来而使植物叶子显黄色。

叶绿素 a(R=CH₃)
叶绿素 b(R=CHO)

β-胡萝卜素 (R=H)　　叶黄酸 (R=OH)

维生素 A

本实验从菠菜叶中提取上述几种色素，然后根据各化合物性质的不同，利用色谱法进行分离。

三、仪器与试剂

1. 仪器

剪刀、研钵、布氏漏斗、抽滤装置、分液漏斗、圆底烧瓶、直形冷凝管、毛细管、薄层板、层析缸、色谱柱、电热套等。

2. 试剂

新鲜菠菜、乙醇、石油醚、氯化钠、无水硫酸钠、丙酮、中性氧化铝（150～160 目）。

四、实验步骤

1. 菠菜色素的提取

称取约 5g 洗净后的新鲜菠菜叶，用剪刀剪碎并与 10mL 乙醇拌匀，在研钵中研磨约 5min，然后用布氏漏斗抽滤菠菜汁。滤渣放回研钵中，用石油醚：乙醇 ＝ 2：1（体积比）混合液 20mL 萃取两次，每次 10mL，每次均需加以研磨并抽滤。合并深绿色萃取液，转入分液漏斗，先用 10mL 饱和食盐水洗涤一次，再用等体积蒸馏水洗涤两次，以除去萃取液中的乙醇和其他水溶性物质，洗涤时要轻轻振荡以防止液体产生乳化，弃去水-乙醇层，石油醚层用 2g 无水硫酸钠干燥后滤入圆底烧瓶，安装蒸馏装置，蒸去大部分石油醚，浓缩至体积约为 2mL 为止。

2. 薄层色谱

取活化后的薄层板，点样[1]，小心放入盛有展开剂（石油醚：丙酮＝7：3）的层析缸内，点样点不能浸到展开剂中，盖好缸盖，待展开剂上升至规定高度时，取出薄层板，在空气中晾干，计算三种色素（叶绿素、叶黄素和胡萝卜素）的 R_f 值[2]。

3. 柱色谱

在 20cm×2cm 的色谱柱中，加入 15cm 高的石油醚。另取少量脱脂棉，先在小烧杯内用石油醚浸湿，挤压以驱除气泡，然后放在色谱柱底部，在它上面加一片直径比柱略小的圆形滤纸。将 20g 柱色谱用的中性氧化铝（150～160 目）从玻璃漏斗中缓缓加入，小心打开柱下活塞，保持石油醚高度不变，流下的氧化铝在柱子中堆积。必要时用装在玻璃棒上的橡皮塞轻轻在色谱柱的周围敲击，使吸附剂装得平整致密。柱中溶剂液面，由下端活塞控制，不能低于氧化铝表面。装完后，上面再加一片圆形滤纸，打开下端活塞，放出溶剂，直到溶剂液面高出氧化铝表面 1～2mm 为止。将上述菠菜色素的浓缩液，用滴管小心地加到色谱柱顶部，加完后，打开下端活塞，让液面下降到柱面以下 1mm 左右，关闭活塞，加数滴石油醚，打开活塞，使液面下降，经几次反复，使色素全部进入柱体。待色素全部进入柱体后，在柱顶小心加入 1.5cm 高度的洗脱剂石油醚：丙酮＝9:1（体积比），然后在色谱柱上面装一滴液漏斗，内装 15mL 洗脱剂，打开上下两个活塞，让洗脱剂逐滴放出，即开始进行洗脱，用锥形瓶收集。当第一个有色圈（橙黄色）将滴出时，取另一锥形瓶收集，它就是胡萝卜素。

　　用石油醚：丙酮＝7:3 溶液作洗脱剂，分出第二个黄色带，它是叶黄素[3]。再用丁醇：乙醇：水＝2:1:1 洗脱得叶绿素 a（蓝绿色）和叶绿素 b（黄绿色）。

　　将实验结果填入下表。

色素 1			色素 2			色素 3			色素 4		
品名	性状	R_f 值	品名	性状	R_f 值	品名	性状	R_f 值	品名	性状	R_f 值

五、注释

　　[1] 点样与展开应按要求进行，点样不能戳破薄层板面；展开时，不要让展开剂前沿上升至底线，否则，无法确定展开剂上升高度，即无法求得 R_f 值和准确判断粗产物中各组分在薄层板上的相对位置。

　　[2] 叶绿素会出现两点（叶绿素 a、叶绿素 b）。叶黄素易溶于醇而在石油醚中溶解度小，从绿叶中得到的提取液，叶黄素很少。

　　[3] 叶黄素易溶于醇而在石油醚中溶解度较小，从嫩绿菠菜叶得到的提取液中，叶黄素含量较少，柱色谱中不易分出黄色带。

六、思考题

　　1. 为什么在一定的操作条件下可利用 R_f 值来鉴定化合物？

　　2. 在混合物薄层色谱中，如何判定各组分在薄层上的位置？

　　3. 展开剂的高度若超过了点样线，对薄层色谱有何影响？

　　4. 比较叶绿素、叶黄素和胡萝卜素三种色素的结构，为什么胡萝卜素在色谱柱中移动最快？

实验五十　从果皮中提取果胶

【预习提示】

1. 查阅果胶的相关知识，了解其结构及物理、化学性质。

2. 了解几种常用的果胶提取方法。

一、实验目的

1. 学习从果皮中提取果胶的基本原理和方法。

2. 了解果胶的有关知识。

3. 熟悉萃取、减压过滤等基本操作。

二、实验原理

果胶是一种高分子聚合物，存在于植物组织内，一般以原果胶、果胶酸酯和果胶酸三种形式存在于各种植物的果实、果皮以及根、茎、叶的组织之中。果胶为白色、浅黄色到黄色的粉末，有非常好的特殊水果香味，无异味，无固定熔点和溶解度，不溶于乙醇、甲醇等有机溶剂中。粉末果胶溶于 20 倍水中形成黏稠状透明胶体，胶体的等电点 pH 值为 3.5。果胶是由 D-半乳糖醛酸残基经 α-1,4-糖苷键相连接聚合而成的大分子多糖，分子量在 5 万～30 万之间，其中半乳糖醛酸的羧基可能不同程度的甲酯化以及部分或全部成盐，结构式如下：

半乳糖醛酸　　　　　　　　　　　　　　　半乳糖醛酸甲酯

不同的果蔬含果胶物质的量不同，山楂约为 6.6％，柑橘约为 0.7％～1.5％，南瓜含量较多，约为 7％～17％。在果蔬中，尤其是在未成熟的水果和果皮中，果胶多数以原果胶存在，原果胶不溶于水，用酸水解，生成可溶性果胶。再进行脱色、沉淀、干燥即得商品果胶。从柑橘皮中提取的果胶是高酯化度的果胶，在食品工业中常用来制作果酱、果冻等食品。

目前常用的果胶提取法有传统酸提取法、离子交换法、微波提取法、微生物法等。其中，酸提取法包括酸提取乙醇沉淀法和酸提取盐沉淀法。其主要过程为：将原料进行处理后，用稀盐酸水解，水浴恒温并不断搅拌，然后过滤，将滤液在真空中浓缩，再用乙醇或铁铝盐进行沉淀，以析出果胶。

本实验采用酸提取乙醇沉淀法从柑橘皮中提取果胶。

三、仪器与试剂

1. 仪器

恒温水浴锅、布氏漏斗、抽滤瓶、纱布、表面皿、精密 pH 试纸、烧杯、电子天平、小剪刀、真空泵、真空干燥箱等。

2. 试剂

干柑橘皮、稀盐酸、95％乙醇、无水乙醇、活性炭。

四、实验步骤

1. 称取干柑橘皮 8g（新鲜柑橘皮 20g），将其浸泡在 120mL 温水中（60～70℃）约 30min[1]，使其充分吸水软化，并除掉可溶性糖、有机酸、苦味和色素等。把柑橘皮沥干，浸入沸水 5min 进行灭酶，防止果胶分解。然后用小剪刀将柑橘皮剪成 2～3mm 的颗粒，再将剪碎后的柑橘皮置于流水中漂洗，进一步除去色素、苦味和糖分等，漂洗至沥液近无色为止，最后甩干。

2. 根据原果胶在稀酸下加热可以变成水溶性果胶的原理，把已处理好的柑橘皮放入烧杯中，加入的水以浸没柑橘皮为度，于 90℃加热，边搅拌边加入稀盐酸进行提取，提取过程中控制溶液的 pH 值在 2.0～2.5 之间[2]，约 1h 后，趁热用垫有四层纱布的布氏漏斗抽滤，得果胶提取液。

3. 将提取液装入 250mL 的烧杯中，加入活性炭脱色。加热至 80℃，搅拌 20min，然后趁热抽滤、除掉脱色剂[3]。如橘皮漂洗干净，提取液清澈，则可不脱色。

4. 将滤液于沸水浴中加热，浓缩至原液的 10%[4]。

5. 在浓缩液中加入适量（约为浓缩后滤液体积的 1.5 倍）95% 乙醇，有絮状果胶沉淀析出，约 30min 后，减压过滤、用无水乙醇洗涤得果胶。

6. 将所得的果胶置于表面皿内，放入真空干燥箱中，于 60℃左右干燥 4h，称重计算收率。

$$果胶含量＝果胶质量/柑橘皮质量×100\%$$

五、注释

[1] 浸泡干柑橘皮要用温水，水温不宜过高。

[2] 酸提取时，要控制好 pH 值，pH 值不能太低，否则会影响产率。

[3] 脱色时，若减压过滤困难可加入 2%～4% 的硅藻土作助滤剂。

[4] 加热浓缩是为了减少乙醇用量。

六、思考题

1. 从橘皮中提取果胶时，为什么要加热使酶失活？

2. 脱色时除了使用活性炭，还可以使用哪些吸附剂？

3. 沉淀果胶时，除使用乙醇外，还可以用其他试剂吗？

实验五十一　从胡椒中提取胡椒碱

【预习提示】

1. 预习蒸馏及重结晶的相关知识。

2. 查阅胡椒碱的相关知识，了解其结构及物理化学性质。

一、实验目的

1. 了解胡椒碱的性质。

2. 学习重结晶法分离提纯固态有机物的基本原理和操作技术。

二、实验原理

胡椒有"香料之王"的美称，它是世界上古老而著名的香料作物，广泛用作厨房烹饪调味料。此外，在食品加工业上，胡椒可用作防腐剂来延长食品的保存期；在医学上，胡椒可以作为驱风剂与退热剂用来治疗消化不良与普通感冒。

胡椒碱是胡椒中主要的活性化学物质，其化学名称为 (E,E)-1-[5-(1,3-苯并二氧戊环-5-基)-1-氧代-2,4-戊二烯基]哌啶[1]，是酰胺衍生物，在自然界中广泛存在，尤其在胡椒科植物中大量存在。胡椒碱易溶于氯仿、乙醇、丙酮、苯、醋酸中，微溶于乙醚，不溶于水和石油醚，是制药行业多种药物必需的原料和中间体。目前已发现胡椒碱具有抗氧化（其抗氧化能力相当于维生素的 60%）、免疫调节、抗肿瘤、促进药物代谢等作用。胡椒碱属于生物碱，但碱性很弱，在市售的白胡椒中含量大约有 2%，而黑胡椒中含量高达 6%～8%。该物质为白色粉末晶体，熔点 130～133℃。胡椒碱的结构式如下：

将胡椒加工成胡椒碱，可提高附加值 10 倍，而且胡椒碱在国内外市场广阔，经济效益十分可观。本实验利用胡椒来提取胡椒碱，通过回流来增大胡椒碱在有机溶剂中的含量，之后蒸馏除去溶剂、浓缩溶液，接着加入强碱使胡椒碱游离，最后利用重结晶的方法提纯胡椒碱。

三、仪器与试剂

1. 仪器

电热套、烧杯、圆底烧瓶、直形冷凝管、球形冷凝管、蒸馏头、接液管、温度计、抽滤瓶、布氏漏斗、粉碎机、漏斗、真空泵、石蕊试纸。

2. 试剂

白胡椒、氢氧化钾、丙酮、95％乙醇、蒸馏水。

四、实验步骤

1. 取白胡椒 10g[2]，清洗干净后粉碎，装入圆底烧瓶，向烧瓶中加入约 1/3 的乙醇。组装好回流装置，用电热套作为热源，接好冷凝水。

2. 加热回流，使液滴滴回烧瓶的速度控制在每秒 1～2 滴。随着回流的进行，可以观察到乙醇的颜色变深。回流 2h，此时溶液变成深棕色，带有一股胡椒的辛味和一股淡淡的香气，应为胡椒精油[3]。

3. 将回流装置改为蒸馏装置，浓缩提取液，同时可蒸馏回收提取液中的大部分乙醇。当浓缩至原提取液的 1/10 时，过滤除去胡椒的渣滓。另取一烧杯，加入适量氢氧化钾和水配成溶液[4]，待放冷后再加少许乙醇配成氢氧化钾的醇溶液。将 10mL 氢氧化钾乙醇溶液倒入之前的胡椒碱的浓缩液，再一次过滤。滤液中加入等量的水，会有大量黄色晶体析出，减压过滤，干燥，得到胡椒碱粗品。

4. 将得到的胡椒碱粗品溶解在丙酮中，微热促使胡椒碱粗品完全溶解。观察是否有沉淀。若有沉淀，进行过滤；若无，则加入与丙酮等量的水，有大量白色晶体析出。此操作反复进行 2～3 次，待胡椒碱晶体不再出现黄色即可。干燥后得到纯胡椒碱，称重、计算收率，测熔点。

$$胡椒碱收率＝胡椒碱质量/白胡椒质量×100％$$

五、注释

[1] 胡椒碱为白色粉末状晶体，熔点 131℃。取少量胡椒碱样品溶解，用石蕊试纸测试，可观察到石蕊试纸不变色，呈中性。证明胡椒碱碱性极弱。

[2] 如果使用黑胡椒作为原料进行胡椒碱的提取，则产量更高。

[3] 胡椒精油具有很强的刺激性，容易刺激鼻腔黏膜使人打喷嚏。尽量避免回流时乙醇蒸气带着胡椒精油挥发出来，在实验中注意通风。

[4] 氢氧化钾溶于水之后，如果长时间不能溶解完全，说明所用的蒸馏水不干净，含有杂质，应当更换蒸馏水。

六、思考题

1. 加入氢氧化钾-乙醇溶液的目的是什么？

2. 除了用实验中的一般方法对胡椒中的胡椒碱提取外，还可以采用什么方法进行提取？

第七章 综合性实验

实验五十二 乙酰乙酸乙酯的制备——克莱森缩合反应

两分子具有 α-H 的酯在醇钠的作用下生成 β-酮酸酯的反应称为克莱森（Claisen）缩合反应。Claisen 反应通常以酯和金属钠为原料，以过量的酯为溶剂，利用酯中所含的微量醇与金属钠反应生成醇钠。随着反应进行，由于醇的不断生成，反应能不断进行下去，直至金属钠消耗完。

【预习提示】

1. 预习克莱森（Claisen）缩合反应。
2. 预习乙酰乙酸乙酯的物理、化学性质。

【安全提示】

未反应完的金属钠应集中回收，放入乙醇中处理，不能直接倒入水槽或丢置于垃圾桶中，以防引起火灾或爆炸！

一、实验目的

1. 了解克莱森（Claisen）酯缩合制备乙酰乙酸乙酯的原理和方法。
2. 掌握无水操作及减压蒸馏等操作技术。
3. 学习乙酰乙酸乙酯酮式与烯醇式互变异构的性质。

二、实验原理

两分子乙酸乙酯在强碱作用下缩合，再经过水解生成乙酰乙酸乙酯，此反应称为克莱森（Claisen）酯缩合。本实验利用金属钠与乙酸乙酯中含有的少量乙醇生成乙醇钠作为碱性缩合剂，促进 Claisen 酯缩合反应发生，从而制备乙酰乙酸乙酯。反应式如下：

$$C_2H_5OH + Na \longrightarrow C_2H_5ONa + \frac{1}{2}H_2$$

$$2CH_3COOC_2H_5 + C_2H_5ONa \Longrightarrow \underset{\underset{ONa}{|}}{CH_3C}=CHCOOC_2H_5 + C_2H_5OH$$

$$\underset{酮式}{\overset{\overset{\displaystyle O}{\|}}{CH_3-C}-CH_2-COOC_2H_5} \Longrightarrow \underset{烯醇式}{\underset{\underset{OH}{|}}{CH_3-C}=CH-COOC_2H_5}$$

三、仪器与试剂

1. 仪器

50mL 圆底烧瓶、温度计、球形冷凝管、氯化钙干燥管、电热套、分液漏斗、50mL 蒸馏烧瓶、温度计套管、蒸馏头、直形冷凝管、接液管、锥形瓶、循环水真空泵等。

2. 试剂

乙酸乙酯 21.5mL（19.4g，0.22mol）、金属钠 2.3g（0.10mol）、50％乙酸溶液、pH 试纸、饱和食盐水、无水硫酸镁、2,4-二硝基苯肼溶液、饱和亚硫酸氢钠溶液、饱和碳酸钾溶液、1％三氯化铁溶液、溴的四氯化碳溶液。

四、实验步骤

1. 乙酰乙酸乙酯的制备

所用玻璃仪器必须干燥，乙酸乙酯也必须绝对干燥[1]。

在干燥的 50mL 圆底烧瓶中加入 21.5mL 乙酸乙酯和 2.3g 切成小薄片的金属钠[2]，迅速装上回流冷凝管，并在冷凝管上端连接氯化钙干燥管。反应很快开始，如果反应较慢，可以稍微加热，使反应保持微沸状态，直至金属钠全部反应[3]。此时，反应瓶内溶液呈橘红色并有淡黄色固体出现。

待反应瓶稍冷后，振摇下滴加 50％乙酸溶液[4] 至反应混合物 pH 值等于 6，此时固体应全部溶解（若还有固体，可加水使其溶解）。将反应液转入分液漏斗中，加入等体积的饱和食盐水洗涤，分出有机层，用无水硫酸镁干燥后滤入 50mL 蒸馏烧瓶中，先常压蒸出过量的乙酸乙酯，再减压蒸馏蒸出乙酰乙酸乙酯[5]，产量 5～6g。

纯乙酰乙酸乙酯：b. p. 180.4℃，$d_4^{20}=1.2013$，$n_D^{20}=1.4192$。

2. 乙酰乙酸乙酯的化学性质试验

（1）2,4-二硝基苯肼试验

在试管中加入 1mL 新配制的 2,4-二硝基苯肼溶液，再滴加 4～5 滴乙酰乙酸乙酯，观察现象。

（2）饱和亚硫酸氢钠溶液试验

在试管中加入 2mL 乙酰乙酸乙酯和 0.5mL 饱和亚硫酸氢钠溶液，振荡后有亚硫酸氢钠加成物析出。再加入饱和碳酸钾溶液，振荡后沉淀消失，乙酰乙酸乙酯游离出来。

（3）三氯化铁溶液试验

在试管中加入 2 滴乙酰乙酸乙酯和 3mL 水，振荡混匀后加入 4～5 滴 1％三氯化铁溶液，观察溶液的颜色。

（4）溴的四氯化碳溶液试验

在试管中加入 2 滴乙酰乙酸乙酯和 2mL 四氯化碳，在振荡下滴加 2％溴的四氯化碳溶液至溴的淡红色在 1min 内保持不变。放置 5min 后再观察颜色发生的变化，再滴加溴的四氯化碳溶液又有何变化。解释变化的原因。

五、注释

[1] 先加入无水碳酸钾干燥，再用水浴蒸馏，收集 76～78℃馏分。

[2] 注意金属钠不能与水接触，在将钠切成小薄片的过程中动作要快，以防金属钠表面被氧化。

[3] 金属钠必须充分反应完全，否则加乙酸时，容易着火。

[4] 要避免加入过量的乙酸，否则会增加酯在水中的溶解度。另外，酸度过高，会促使副产物"去水乙酸即乙酸酐"的生成，从而降低产量。

[5] 乙酰乙酸乙酯常压蒸馏时，易发生分解而降低产量。它的沸点与压力的关系如表 7-1 所示。

表 7-1　乙酰乙酸乙酯的沸点与压力的关系

压力/mmHg	12	14	18	20	30	40	60	80	760
压力/kPa	1.6	1.87	2.4	2.67	4	5.33	8	10.67	101.33
沸点/℃	71	74	78	82	88	92	97	100	181

六、思考题

1. 为什么乙酰乙酸乙酯分子中与羰基相连碳上的氢有酸性？
2. 本实验应以哪种物质为基准计算产率？为什么？
3. 本实验所用仪器未经干燥处理，对反应有何影响？
4. 加入 50％乙酸和饱和食盐水的目的是什么？
5. 什么叫互变异构现象？如何用实验证明乙酰乙酸乙酯是酮式和烯醇式两种互变异构体的平衡混合物？写出有关反应式。

实验五十三　乙酰水杨酸的制备

乙酰水杨酸（阿司匹林）不仅是常用的退热止痛药，用于治疗风湿病和关节炎，而且可用于预防老年人心血管系统疾病。从药物学角度来看，它是水杨酸的前体药物。早在 18 世纪，人们从柳树皮中提取出具有止痛、退热抗炎作用的一种化合物——水杨酸。但水杨酸严重刺激口腔、食道及胃壁黏膜而导致病人不愿使用。为克服这一缺点，在水杨酸中引进乙酰基，获得了副作用小而疗效不减的乙酰水杨酸。

【预习提示】

1. 预习酚羟基的酯化方法。
2. 预习水杨酸及乙酰水杨酸的物理、化学性质。

一、实验目的

1. 学习制备乙酰水杨酸的实验方法及实验原理。
2. 通过乙酰水杨酸的制备，初步了解有机合成中乙酰化反应的原理及方法。
3. 进一步熟悉减压过滤、熔点测定和重结晶等基本操作技术。

二、实验原理

本实验通过水杨酸在浓硫酸催化下与乙酸酐发生酰化反应来制备乙酰水杨酸。由于水杨酸分子中具有双官能团，羟基（—OH）和羧基（—COOH），且羧基和羟基在酸性条件下都可以发生酯化反应，因此该反应过程中副反应较多。反应式如下：

副反应有：

本实验用 $FeCl_3$ 检查粗产品中是否含有没有反应的水杨酸。如粗产品中有未反应完的水杨酸，则遇 $FeCl_3$ 呈紫蓝色。如果在产品中加入一定量的 $FeCl_3$ 无颜色变化，则认为产品纯度基本达到要求。此外还可采用测定熔点的方法检测粗产品的纯度。

三、仪器与试剂

1. 仪器

150mL 锥形瓶、水浴锅、温度计、冰浴、布氏漏斗、抽滤瓶、循环水真空泵、滤纸、熔点测定仪等。

2. 试剂

水杨酸 2.0g（约 15mmol）、乙酸酐[1] 5mL、浓硫酸、95%乙醇 5mL、1%$FeCl_3$ 溶液。

四、实验步骤

1. 酰化反应

（1）称取 2.0g（约 15mmol）固体水杨酸，放入 150mL 锥形瓶中，加入 5mL 乙酸酐，用滴管加入 5 滴浓硫酸，摇匀，待水杨酸溶解后将锥形瓶放在 60～85℃水浴中 30min[2]，不断摇动锥形瓶，使乙酰化反应尽可能完全。

（2）取出锥形瓶，让其自然降至室温。观察有无晶体出现。如果无晶体出现，用玻璃棒摩擦锥形瓶内壁。当有晶体出现时，置于冰水浴中冷却，并加入 50mL 冷水，出现大量不规则白色晶体，继续冷却 5min，使结晶完全。

（3）倒入布氏漏斗中减压过滤，锥形瓶用 5mL 冷水洗涤三次，洗涤液倒入布氏漏斗中，继续抽滤至无液体滴下。

（4）按实验步骤 3 的方法，检测产品纯度。

2. 重结晶

（1）将粗产品转入 150mL 锥形瓶中，加入 95%乙醇 5mL，置水浴中加热溶解，然后冷却，用玻璃棒摩擦锥形瓶内壁，当有晶体出现时，加入 25mL 冷水，并置冰水浴中冷却 5min，使结晶完全。

（2）再次减压过滤。用冷水 5mL 洗涤锥形瓶两次，洗涤液倒入布氏漏斗中，继续抽滤至无液体滴下。

（3）将产品[3] 转入表面皿中，干燥，称重，计算产率（以水杨酸为标准）。

3. 产品纯度检验

（1）取少量（约火柴头大小）晶体装入试管中，加 10 滴 95%乙醇，溶解后滴入 1 滴 1%$FeCl_3$ 溶液，观察颜色变化。如果颜色出现变化（红色→紫蓝色），说明产品不纯，须再次重结晶。若无颜色变化，说明产品比较纯。

（2）测定熔点，乙酰水杨酸熔点文献值为 135～136℃。

五、注释

[1] 乙酸酐要使用新蒸馏的，收集 139～140℃的馏分。仪器要全部干燥，药品也要提前经干燥处理。

[2] 温度高反应快，但温度不宜过高，否则副反应增多。

[3] 为了得到更纯的产品，可以用乙酸乙酯进行重结晶。

六、思考题

1. 什么是酰化反应？什么是酰化试剂？进行酰化反应的容器是否需要干燥？

2. 重结晶的目的是什么？

3. 前后两次用 $FeCl_3$ 溶液检测，其结果说明什么？

实验五十四　2-硝基-1,3-苯二酚的制备

酚羟基是较强的邻对位定位基，也是较强的致活基团。如果让间苯二酚直接硝化，由于反应太剧烈，不易控制；另外，由于空间效应，硝基会优先进入 4、6 位，很难进入 2 位。本实验利用磺酸基的强吸电子特性和磺化反应的可逆性，先磺化，在 4、6 位引入磺酸基，既降低了芳环的活性，又占据了活性位置。再硝化时，受定位规律的支配，硝基只有进入 2 位。最后进行水蒸气蒸馏，既把磺酸基水解掉，同时产物随水蒸气一起蒸出。本实验中磺酸基起到了占位、定位和钝化的导向作用。

【预习提示】

1. 预习芳香环上两类定位基的定位规律和芳香环上的亲电取代反应。

2. 预习利用磺酸基作为导向基来合成特殊结构的化合物。

一、实验目的

1. 巩固芳环定位规律和活性位置的保护。

2. 掌握磺化、硝化的原理和实验方法。

3. 掌握水蒸气蒸馏装置的安装与操作。

4. 练习、掌握减压过滤技术。

二、实验原理

本实验以间苯二酚为原料，经过磺化、硝化和水解三步[1] 反应来制备 2-硝基-1,3-苯二酚。反应式如下：

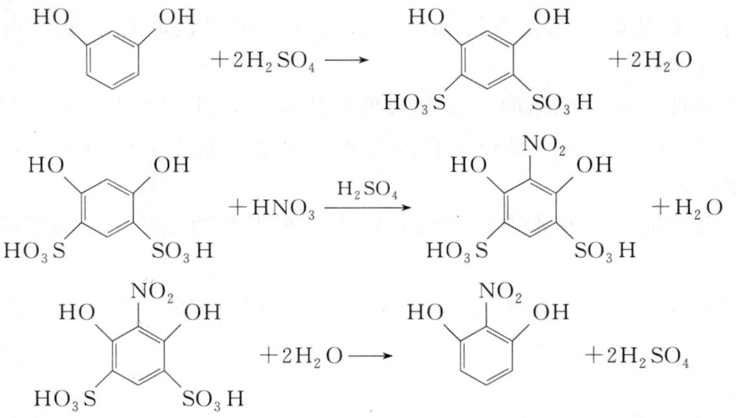

三、仪器与试剂

1. 仪器

100mL 烧杯、水浴锅、电炉、温度计、圆底烧瓶、水蒸气蒸馏装置、锥形瓶、布氏漏斗、抽滤瓶、循环水真空泵等。

2. 试剂[2]

间苯二酚 2.8g（0.025mol）、浓硫酸 16mL、浓硝酸 2.8mL、尿素 0.1g、乙醇、沸石。

四、实验步骤

在 100mL 烧杯中，放入 2.8g 粉末状的间苯二酚[3]，慢慢加入 13mL 浓硫酸，同时充分搅拌，立即生成白色的磺化产物，然后在 60~65℃ 热水浴中加热 15min[4]，冰水浴冷却至室温，用滴管加入混酸（浓硫酸和浓硝酸各 2.8mL），控制反应温度为 25~30℃[5]，继续搅

拌 15min 后，将反应混合物转入圆底烧瓶[6]，小心加入 7mL 水稀释，控制反应温度在 50℃以下，加入 0.1g 尿素，然后进行水蒸气蒸馏[7]，馏出液中立即有橘红色固体析出，当无油状物出现时即可停止蒸馏。冰水冷却馏出液和固体，过滤得粗品，以水和少量乙醇的混合溶剂重结晶[8]，干燥，称重，计算产率。

五、注释

[1] 本实验一定注意先磺化，后硝化。否则会剧烈反应，甚至产生事故。

[2] 本实验所用主要试剂的物理参数如表 7-2 所示。

表 7-2　主要试剂的物理参数

名　称	分子量	熔点/℃	沸点/℃	相对密度	在水中的溶解度/(g/100mL)
间苯二酚	110.11	109～110	281	1.285	111
2-硝基-1,3-苯二酚	155	84～85	234	0.7893	易溶
尿素	60.06	135	—	1.330	易溶
浓硫酸(98%)	98.01	10.49	338	1.834	易溶
浓硝酸	63.01	—42	83	1.5027	易溶

[3] 间苯二酚很硬，要充分研碎，否则磺化只能在颗粒表面进行，磺化不完全。

[4] 酚的磺化在室温就可进行，如果反应太慢，10min 不变白，可用 60℃的水加热，加速反应。

[5] 硝化反应比较快，因此硝化前，磺化混合物要先在冰水浴中冷却，混酸也要冷却。最好在 10℃以下；硝化时，也要在冷却下，边搅拌，边慢慢滴加混酸，否则，反应物易被氧化而变成灰色或黑色。

[6] 将反应液转入长颈烧瓶时，应顺着玻璃棒加入，并加入 10g 碎冰稀释，温度不能超过 50℃。最后用 5mL 冰水洗涤烧杯，并入烧瓶。切记，加冰水不能太多，否则，水蒸气蒸馏时，会蒸不出产品。

[7] 水蒸气蒸馏时，冷却水要控制得非常小，否则产物凝结于冷凝管壁的上端，会造成堵塞。

[8] 晶体用 10mL 50%乙醇水溶液（5mL 水＋5mL 乙醇）洗涤，不要太多，否则损失产品。

六、思考题

1. 哪些因素会降低产率？

2. 为什么不能直接硝化，而要先磺化？

3. 什么情况下用水蒸气蒸馏提纯或分离有机化合物？

第八章 设计性实验

实验五十五 昆虫信息素 2-庚酮的合成及表征

昆虫信息素起着在昆虫之间传递各种信息的作用，对昆虫的行为有重要影响。昆虫信息素大多是结构简单的醇、酮、酸或酯类化合物。2-庚酮作为一种警戒信息素存在于工蜂的颈腺中，可使工蜂聚集并对入侵者发起进攻。本实验以乙酸乙酯为起始原料，经多步反应得到2-庚酮。

【预习提示】
1. 预习克莱森缩合反应。
2. 预习萃取、蒸馏操作步骤。

一、实验目的
1. 熟悉乙酰乙酸乙酯的制备及其在有机合成中的应用。
2. 进一步熟练掌握减压蒸馏、萃取的基本操作。
3. 了解多步有机合成的特点和注意事项。

二、实验原理
由乙酸乙酯在碱性条件下缩合，先生成乙酰乙酸乙酯，然后乙酰乙酸乙酯在碱性条件下生成负离子，再与正溴丁烷作用，经酮式水解，得到 2-庚酮。

三、仪器与试剂
1. 仪器

250mL 三颈烧瓶、温度计（250℃，100℃）、吸滤瓶、布氏漏斗、分液漏斗、量筒、直形冷凝管、接液管、电磁搅拌器、减压蒸馏装置、氯化钙干燥管等。

2. 试剂

金属钠（6.7g，0.29mol）、乙酸乙酯（55mL，0.57mol）、正溴丁烷（11.5g，83mmol）、浓盐酸、二甲苯、无水硫酸镁、氢氧化钠、33％硫酸溶液、冰醋酸、氯化钠、无水硫酸钠、无水乙醇、氯化钙、二氯甲烷。

四、实验步骤

1. 乙酰乙酸乙酯的制备

向干燥的 250mL 三颈烧瓶中加入 5g（0.22mol）金属钠和 25mL 二甲苯，装上回流冷凝管，加热使钠熔融。拆去回流冷凝管，将圆底烧瓶用橡皮塞塞紧，用力振荡，即得细粒状钠珠。稍经放置，钠珠即沉于瓶底，将二甲苯倾出，迅速加入 55mL（50g，0.57mol）乙酸乙酯[1]，重新装上回流冷凝管，并在其顶端装氯化钙干燥管，反应立即开始，并有氢气泡冒出。如反应很慢，可稍加热。待激烈反应过后，在石棉网上用小火加热，保持微沸状态，直到金属钠全部反应。此时生成的乙酰乙酸乙酯钠盐为橘红色透明溶液（有时析出浅黄近白色沉淀）。待反应物稍冷后，在振摇下加入 50% 醋酸，使反应液呈弱酸性。中和时，开始有固体析出，继续加酸并用力振摇，固体会消失，最后得到澄清溶液。如尚有少量固体未溶解，可加少许水使之溶解，但应避免加入过量的醋酸，否则会增加酯在水中的溶解度而降低产量。所有的固体物质都溶解后，将反应混合液移入分液漏斗，加入等体积的饱和氯化钠溶液，用力振摇，静置后分层。分离后有机相用无水硫酸钠干燥。然后滤入蒸馏瓶，并以少量乙酸乙酯洗涤干燥剂。在沸水浴上蒸出乙酸乙酯后，将瓶内物移入 30mL 克氏蒸馏瓶进行减压蒸馏，产量 12～14g（产率 42%～49%）。纯乙酰乙酸乙酯：bp. 180.4℃，$n_D^{20} = 1.4192$，$d_4^{20} = 1.02126$。

2. 乙酰乙酸乙酯钠的制备

向盛有 40mL 绝对乙醇的 100mL 三颈烧瓶中加入 1.7g 切碎的金属钠，小心加热以维持反应不间断。在金属钠反应完后，向乙醇钠中加入 9.5mL（9.8g，75mmol）乙酰乙酸乙酯，形成乙酰乙酸乙酯钠盐后，立即进行下一步反应。

3. 正丁基乙酰乙酸乙酯的合成

向盛有上述新制备的乙酰乙酸乙酯钠溶液的 100mL 三颈烧瓶中缓慢加入 9mL 正溴丁烷（11.5g，83mmol），装好回流装置（回流冷凝管顶端装氯化钙干燥管）。将实验装置固定好，并不时轻轻摇动，以防止溴化钠沉淀引起暴沸炸裂烧瓶。缓慢升温至回流，通常需要回流 3～4h。为了测定反应是否完全[2]，可将一滴反应混合液点在湿润的红色石蕊试纸上，如果仍呈红色表示反应已完全，回流结束后过滤除去固体溴化钠，蒸馏除去乙醇，然后将烧瓶冷却到 20℃，向反应混合物中加入 60mL 水和 0.8mL 浓盐酸，将反应混合物移至分液漏斗中，分去水层，用水洗涤有机层。有机层用无水硫酸镁干燥后，进行减压蒸馏（120～130℃，1.8kPa），得正丁基乙酰乙酸乙酯。

4. 2-庚酮的合成

向 250mL 锥形瓶中加入 60mL 5% 的氢氧化钠水溶液和上述正丁基乙酰乙酸乙酯。剧烈搅拌反应混合物 3.5h，然后在搅拌下慢慢加入 11mL 冷的 33% 硫酸水溶液[3]。当二氧化碳停止放出时，将反应混合物移入 100mL 烧瓶进行蒸馏，收集 130mL 带水馏出物（此即简单的水蒸气蒸馏）。向馏出物中加入粒状氢氧化钠，每次一粒，直至红色石蕊试纸刚刚呈碱性为止，用分液漏斗分出下面水相，得有机相。将水相用 2×10mL 二氯甲烷萃取，蒸出二氯甲烷，所得残余物与有机相合并，用 40% 氯化钙水溶液洗涤 3 次，粗产品用无水硫酸镁干燥，蒸馏，收集 145～152℃ 的馏分得到无色透明液体。

5. 红外光谱分析

将合成的 2-庚酮用红外光谱仪进行测定，与标准红外光谱对照。

五、注释

[1] 乙酸乙酯必须绝对干燥。普通乙酸乙酯含有 1%～2% 的乙醇，可将普通乙酸乙酯用饱和氯化钙水溶液洗涤数次，再用焙烧过的无水碳酸钾干燥，蒸馏收集 76～78℃ 馏分。

[2] 此时，反应液呈橘红色，并有白色沉淀析出。

[3] 滴加速度不宜过快，否则，酸分解时放出大量二氧化碳。

六、思考题

1. 在制备乙酰乙酸乙酯过程中，析出的浅黄近白色沉淀是什么？

2. 乙酰乙酸乙酯与乙醇钠发生什么反应？为什么？

3. 能不能用此实验的方法制备苯基丙酮？

实验五十六 α-苯乙胺的制备及外消旋体的拆分

在立体异构体中一对对映体不能用通常的方法进行分离。要把外消旋体中的对映体分离开必须用特殊的方法即外消旋体的拆分。拆分的方法很多，最常用的是化学拆分法，其基本原理是先把对映体转化为非对映体，然后用一般的方法（常用重结晶）进行分离，再把分开的非对映体分别转化为原来的对映体，达到外消旋体拆分的目的。

化学法拆分过程中，关键是找到一种具有光学活性并能与对映体发生反应的物质，通过对映体与具有光学活性的物质之间的反应将对映体转化为非对映体。通常将这种具有光学活性的物质称为拆分剂。常用的拆分剂是一些有光学活性的天然化合物，如马钱子碱（又称士的宁）、麻黄碱、酒石酸、樟脑、β-磺酸等。

α-苯乙胺（1-phenylethylamine）是重要的医药和染料中间体。本实验由鲁卡特（Leukart）反应制备外消旋的 α-苯乙胺，然后以（+）-酒石酸作拆分剂进行拆分。

【预习提示】

1. 预习鲁卡特（Leukart）反应。

2. 预习对映体拆分的基本知识。

3. 回顾水蒸气蒸馏、萃取、重结晶等实验操作。

4. 预习圆盘旋光仪的使用方法。

一、实验目的

1. 了解外消旋体 α-苯乙胺的制备原理。

2. 巩固萃取、减压蒸馏等操作。

3. 了解将外消旋体变为非对映异构体后进行分步结晶的分离方法。

二、实验原理

鲁卡特（Leukart）反应，即苯乙酮与甲酸铵反应得到相应的胺。

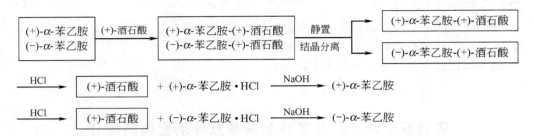

外消旋 α-苯乙胺具有碱性，可用（＋）-酒石酸作为拆分剂进行拆分。（＋）-酒石酸与（－）-α-苯乙胺反应生成的化合物在甲醇中的溶解度较小，先结晶析出从而得以分离。

三、仪器与试剂

1. 仪器

50mL 圆底烧瓶、电热套、天平、温度计、吸滤瓶、布氏漏斗、分液漏斗、量筒、回流冷凝管、直形冷凝管、接液管、电磁搅拌器、磁搅拌子、减压蒸馏装置、干燥管等。

2. 试剂

苯乙酮（12g，0.1mol）、甲酸铵（20g，0.32mol）、（＋）-酒石酸（3.8g，0.027mol）、乙醇、甲醇、甲苯、乙醚、浓盐酸、50％氢氧化钠溶液、粒状氢氧化钠、无水硫酸钠。

四、实验步骤

1. α-苯乙胺的制备

在装有分馏头的 50mL 圆底烧瓶中，加入 12g 苯乙酮和 20g 甲酸铵[1]，装上蒸馏装置及温度计，温度计的水银球部位应置于反应混合物中，用电热套缓缓加热。反应混合物开始熔化，当温度升高到 140℃时，熔化后的液体呈两相，继续加热反应物使其变成均相，待温度升高到 185℃时停止加热，反应约需 1h。在此过程中，水、苯乙酮及甲酸铵被蒸出，将上层的苯乙酮倒回反应瓶中，然后在 180～185℃加热约 1.5h，将反应混合物冷至室温，加入 10mL 水，转入分液漏斗中，振荡，把粗产品转入原反应瓶中；水层每次用 5mL 甲苯萃取两次，合并萃取液并倒回原反应瓶，加入 10mL 浓盐酸，慢慢加热回流 30min，冷却后，每次用 10mL 甲苯萃取两次。

将水层转入圆底烧瓶中，小心加入 20mL 50％氢氧化钠，进行水蒸气蒸馏，馏出液分为两层，用分液漏斗分离。水层每次用 10mL 甲苯萃取两次。合并有机层，用粒状氢氧化钠干燥。装上分馏头进行分馏[2]，蒸出甲苯（111℃以上）后，收集 180～190℃的馏分，得到外消旋的 α-苯乙胺。

2. 外消旋体 α-苯乙胺的拆分

在 100mL 锥形瓶中加入 3.8g（＋）-酒石酸和 50mL 甲醇，再慢慢地分批加入 3g（±）-α-苯乙胺，在室温下放置 24h 后，生成棱柱状晶体，过滤收集晶体[3]，称重。将滤得的（－）-α-苯乙胺-（＋）-酒石酸溶于 10mL 水中，加入 2mL 50％氢氧化钠水溶液使其呈碱性，搅拌混合物至固体溶解，将溶液转入分液漏斗中，每次用 10mL 乙醚萃取三次，合并萃取液，用无水硫酸钠干燥过夜。先在水浴上蒸去乙醚，再进行蒸馏，收集 180～190℃馏分；或先常压蒸去乙醚，再继续减压蒸馏收集 81～81.5℃/2.4kPa 的馏分。测定产物的比旋光度[4]，纯

（－）-α-苯乙胺的比旋光度为－40.3°，计算产物的光学纯度。

五、注释

[1] 甲酸铵易潮解，如潮解已很严重，使用前可先抽滤除去水分，称量宜迅速。

[2] 也可用水泵减压蒸馏蒸出所有溶剂，然后再用油泵减压蒸馏，收集 82～83℃/2.40kPa（18mmHg）或 87℃/3.20kPa（24mmHg）的馏分。α-苯乙胺：b. p. 187℃，$n_D^{20} =$ 1.5238。

[3] 滤液可收集起来，留作分离（＋）-α-苯乙胺。

[4] 测比旋光度时可配成甲醇或乙醇溶液。

六、思考题

1. 外消旋体的拆分方法主要有哪些？试举例说明之。

2. 如何从（±）-α-苯乙胺拆分的母液 [含（＋）-α-苯乙胺-（＋）-酒石酸] 中分离出（＋）-α-苯乙胺？

3. 试用化学式表示（±）-α-苯乙胺的拆分过程。

实验五十七　香豆素-3-羧酸的制备

香豆素-3-羧酸（coumarin-3-carboxylic acid）是合成香豆素的重要原料，香豆素是一种具有多种生物活性的天然产物。香豆素-3-羧酸的镧系复合物对 K-562 细胞具有抗增殖活性。

本实验以丙二酸二乙酯和水杨醛为原料，通过六氢吡啶催化的 Knoevenage 缩合反应，得到香豆素-3-羧酸乙酯，然后水解得香豆素-3-羧酸。

【预习提示】

1. 预习 Knoevenage 缩合反应。

2. 回顾重结晶及回流操作。

一、实验目的

1. 了解 Knoevenage 缩合反应原理和实验操作。

2. 巩固回流装置及重结晶过程。

二、实验原理

醛或酮在弱碱（胺、吡啶等）催化下，与具有活泼 α-氢原子的化合物缩合的反应称为 Knoevenagel 缩合反应 。

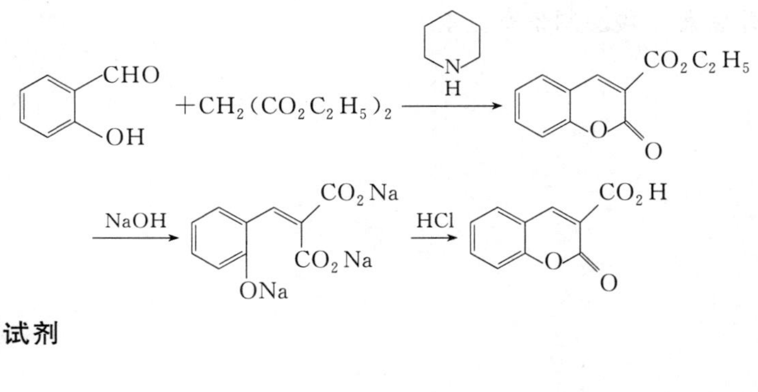

三、仪器与试剂

1. 仪器

圆底烧瓶（100mL）、回流冷凝管、烧杯、布氏漏斗、抽滤瓶、熔点测定仪。

2．试剂

水杨醛、丙二酸二乙酯、无水乙醇、六氢吡啶、冰醋酸、95％乙醇、氢氧化钠、浓盐酸。

四、实验步骤

1．在 100mL 圆底烧瓶中加入 4.2mL 水杨醛、6.8mL 丙二酸二乙酯、25mL 无水乙醇、0.5mL 六氢吡啶和 1～2 滴冰醋酸，水浴加热回流 2h[1]。

2．反应液稍冷却后，滴加 30mL 水，冷却、结晶、布氏漏斗抽滤、用冰冷的 50％乙醇洗涤（2mL×3），得粗香豆素-3-甲酸乙酯，粗品可用 25％乙醇进行重结晶。

3．在 100mL 圆底烧瓶中加入 4g 香豆素-3-甲酸乙酯、3g 氢氧化钠、20mL 95％乙醇和 10mL 水，水浴加热、回流，至酯溶解后再继续回流 15min。

4．将反应液稍冷却，在搅拌下加到盛有 10mL 浓盐酸和 50mL 水的烧杯中，有大量白色晶体析出，冷却、抽滤，用少量冰水洗涤，得粗香豆素-3-羧酸。粗产物可用水进行重结晶，得纯香豆素-3-羧酸，称重，测熔点[2]。

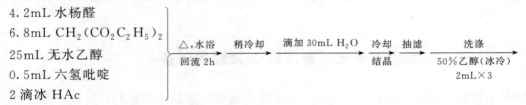

五、注释

[1] 制备香豆素-3-甲酸乙酯时，回流冷凝管上口接一氯化钙干燥管。

[2] 香豆素-3-羧酸的熔点 190℃（分解）。

六、思考题

1．制备香豆素-3-甲酸乙酯时，加入醋酸的目的是什么？

2．如何利用香豆素-3-羧酸制备香豆素？

附　　录

附录 1　常用试剂的配制

1. 饱和亚硫酸氢钠溶液

在 100mL 40％的亚硫酸氢钠溶液中，加入不含醛的无水乙醇 25mL。混合后，如有少量的亚硫酸氢钠析出，必须滤去或倾泻上层清液。此溶液不稳定，易氧化和分解，因此不能保存很久，实验前现配制为宜。

2. 氯化亚铜氨溶液

（1）取氯化亚铜 0.5g，溶于 10mL 浓氨水，再用水稀释至 25mL，除去不溶性杂质。温热滤液，边搅拌边慢慢加入羟胺盐酸盐，直至蓝色消失为止。

$$Cu_2Cl_2 + 4NH_3 \cdot H_2O \longrightarrow 2Cu(NH_3)_2Cl + 4H_2O$$
$$（无色溶液）$$

亚铜盐在空气中很容易被氧化成二价铜盐，使溶液变蓝，将掩盖乙炔亚铜的红色沉淀。羟胺盐酸盐是一种强还原剂，可使 Cu^{2+} 还原为 Cu^+。

$$4Cu^{2+} + 2NH_2OH \longrightarrow 4Cu^+ + N_2O + H_2O + 4H^+$$

（2）取 1g 氯化亚铜放入一大试管中，往试管里加 1～2mL 浓氨水和 10mL 蒸馏水，用力摇动试管后静置一会，再倾出溶液并投入 1 块铜片（或一根铜丝），贮存备用。

3. 饱和溴水

溶解 15g 溴化钾于 100mL 蒸馏水中，加入 10g 溴，摇匀即成。

4. 碘-碘化钾溶液

将 20g 碘化钾溶于 100mL 蒸馏水中，然后加入 10g 研细的碘粉，搅拌使其全溶呈深红色溶液。保存于棕色瓶中，于避光处放置。

5. 0.1％碘-碘化钾溶液

取 0.1g 碘和 0.2g 碘化钾放于同一烧杯中，先加适量蒸馏水使其全溶，再用蒸馏水稀释至 100mL。

6. 品红试剂（又叫希夫试剂）

（1）在 200mL 热水里，溶解 0.1g 品红盐酸盐（也叫碱性品红或盐基品红），冷却后，加入 1g 亚硫酸氢钠和 1mL 浓盐酸，再用水稀释至 100mL。

（2）溶解 0.5g 品红盐酸盐于 100mL 热水中，冷却后，通入二氧化硫达饱和，加入 0.5g 活性炭，振荡、过滤再用蒸馏水稀释至 500mL。

7. 2,4-二硝基苯肼试剂

（1）2,4-二硝基苯肼 2g，溶于 10mL 浓硫酸中，然后一边搅拌一边将此溶液加到 14mL 水及 50mL 95％乙醇中，剧烈搅拌，滤去不溶解的固体即得橙红色溶液。

（2）将 2,4-二硝基苯肼溶于 2mol·L^{-1} 盐酸中配成饱和溶液。

（3）将 1.2g 2,4-二硝基苯肼溶于 50mL 30% 高氯酸中，搅拌均匀。配好后保存于棕色瓶中，不易变质。由于高氯酸盐在水中溶解度很大，因此便于检验。

8. 苯酚溶液

将 5g 苯酚溶于 50mL 5% 氢氧化钠溶液中。

9. β-萘酚溶液

将 5g β-萘酚溶于 50mL 5% 氢氧化钠溶液中。

10. Tollens 试剂

加 20mL 5% 硝酸银溶解于一支干净的试管中，加入 1 滴 10% 的氢氧化钠溶液，然后滴加 10% 的氨水，振摇，直至沉淀刚好溶解。

配制该试剂涉及的化学反应如下：

$$AgNO_3 + NaOH \longrightarrow AgOH + NaNO_3$$
$$2AgOH \longrightarrow Ag_2O + H_2O$$
$$Ag_2O + 4NH_3 + H_2O \longrightarrow 2[Ag(NH_3)_2]^+ + 2OH^-$$

Tollens 试剂久置后将析出黑色氮化银（Ag$_3$N）沉淀，它受振荡时分解，发生猛烈爆炸，因此，Tollens 试剂只能现用现配。

11. Fehling 试剂

Fehling 试剂由 Fehling 试剂 A 和 Fehling 试剂 B 组成，使用时将两者等体积混合，其配法分别是：

Fehling 试剂 A：将 3.5g 硫酸铜晶体（CuSO$_4$·5H$_2$O）溶于 100mL 蒸馏水中即得到淡蓝色的斐林试剂 A，存入玻璃瓶中备用。

Fehling 试剂 B：将 17g 酒石酸钾钠晶体（NaKC$_4$H$_4$O$_6$·4H$_2$O）溶于 20mL 热蒸馏水中，然后加入 20mL 含有 5g 氢氧化钠的水溶液，稀释至 100mL 即得无色清亮的斐林试剂 B，贮于另一玻璃瓶中备用。

12. Benedict 试剂

把 4.3g 研细的硫酸铜溶于 25mL 热水中，待冷却后用水稀释到 40mL，另把 43g 柠檬酸钠及 25g 无水碳酸钠（若用有结晶水碳酸钠，则取量应按比例计算）溶于 150mL 水中，加热溶解，待溶液冷却后，再加入上面所配的硫酸铜溶液，加水稀释到 250mL。将试剂贮于试剂瓶中，瓶口用橡皮塞塞紧。

13. 苯肼试剂

（1）称取 2 份质量的苯肼盐酸盐和 3 份质量的无水醋酸钠混合均匀，于研钵中研磨成粉末即得盐酸苯肼-乙酸钠混合物。贮存于棕色试剂瓶中。

苯肼盐酸盐与醋酸钠经复分解反应生成苯肼醋酸盐，后者是弱酸强碱盐，在水溶液中强烈水解，生成的苯肼和糖作用成脎。

$$C_6H_5NHNH_2·HCl + CH_3COONa \longrightarrow C_6H_5NHNH_2·CH_3COOH + NaCl$$
$$C_6H_5NHNH_2·CH_3COOH \longrightarrow C_6H_5NHNH_2 + CH_3COOH$$

游离的苯肼难溶于水，所以不能直接使用苯肼。

（2）取苯肼盐酸盐 5g，加入水 160mL，微热助溶，再加入活性炭 0.5g，脱色，过滤，在滤液中加入醋酸钠结晶 9g，搅拌，溶解后贮存于棕色瓶中。

（3）将 5mL 苯肼溶于 50mL 10% 醋酸溶液中加 0.5g 活性炭，搅拌后过滤，把滤液保存于棕色试剂瓶中。

150

14. 间苯二酚-盐酸试剂

将 0.05g 间苯二酚溶于 50mL 浓盐酸中，再用蒸馏水稀释至 100mL。

15. 间苯三酚-盐酸试剂

将 0.3g 间苯三酚溶于 60mL 浓盐酸中，再用蒸馏水稀释至 100mL。

16. Millon 试剂

将 2g 汞溶于 3mL 浓硝酸（相对密度 1.4）中，然后用水稀释到 100mL。它主要含有汞、硝酸亚汞和硝酸汞，此外还有过量的硝酸和少量的亚硝酸。

17. 卢卡斯试剂

将 34g 无水氯化锌在蒸发皿中加热熔融，不断用玻璃棒搅动，使之凝固成小块，稍冷后，放在干燥器中冷至室温，取出溶于 23mL 浓盐酸中（相对密度 1.187）。搅动，同时把容器放在冰水浴中冷却，以防氯化氢逸出。此试剂一般是临用时配制。

18. 蛋白质溶液

取蛋清 25mL，加入蒸馏水 100～150mL，搅拌，混匀后，用 3～4 层纱布或丝绸过滤，滤去析出的球蛋白即得到清亮的蛋白质溶液。

19. 碘化汞钾溶液

把 5％碘化钾水溶液逐滴加到 2％氯化汞或硝酸汞溶液中，加至起初生成的红色沉淀完全溶解为止。

20. α-萘酚乙醇溶液

将 2g α-萘酚溶于 20mL 95％乙醇中，用 95％乙醇稀释至 100mL，贮于棕色瓶中，一般是使用前配制。

21. 0.1％茚三酮乙醇溶液

将 0.1g 茚三酮溶于 124.9mL 95％乙醇中，用时现配。

22. 0.2％蒽酮硫酸溶液

将 0.2g 蒽酮溶解于 100mL 浓硫酸中，用时现配。

23. 铬酸洗液的配制方法

称取 20g 研细的工业用 $K_2Cr_2O_7$，放入 500mL 烧杯中，加少量水，加热使之溶解，待其溶解后冷却，再慢慢加入 300mL 浓硫酸（工业品），并不时搅动，得暗红色洗液，冷后注入干燥的试剂瓶中盖严备用。多次使用后，效力减弱时，加入少量高锰酸钾粉末即可再生。

24. 乙酸铜-联苯胺试剂

A 液：取 150mg 联苯胺溶于 100mL 水及 1mL 乙酸中。

B 液：取 286mg 醋酸铜溶于 100mL 水中。

A 液与 B 液分别贮藏在棕色瓶中，使用前将两者以等体积的比例混合。

附录 2　常用洗涤剂的配制

名　称	配制方法	备　注
合成洗涤剂[①]	合成洗涤剂粉用热水搅拌成浓溶液	用于一般的洗涤
皂角水	将皂荚捣碎，用水煮成溶液	用于一般的洗涤
铬酸洗液	用 $K_2Cr_2O_7$ 20g 于 500mL 烧杯中，加 40mL 水，加热溶解，冷后，缓慢加入 320mL 粗浓硫酸（注意边加边搅拌）即成。贮于磨口细口瓶中	用于洗涤油污及有机物，使用时防止被水稀释，用后倒回原瓶，可反复使用，直至溶液变为绿色[②]

续表

名　称	配制方法	备　注
KMnO₄ 碱性溶液	用 KMnO₄ 4g,溶于少量水中缓缓加入 100mL 10％NaOH 溶液	用于洗涤油污及有机物,洗后玻璃壁上附着的 MnO₂ 沉淀,可用亚铁盐或 Na₂SO₃ 溶液洗去
碱性酒精溶液	30％～40％NaOH 酒精溶液	用于洗涤油污及某些有机物
乙醇-浓硝酸洗液		用于沾有有机物或油污的结构较复杂的仪器。洗涤时先加少量乙醇于脏仪器中,再加入少量浓硝酸,即产生大量棕色 NO₂,将有机物氧化破坏

① 也可用肥皂水。

② 已还原为绿色的铬酸洗液,可加入固体 KMnO₄ 使其再生,这样,实际消耗的是 KMnO₄,可减少铬对环境的污染。

附录 3　常见的共沸混合物

1. 与水形成的二元共沸物 (水的沸点 100℃)

溶　剂	沸点/℃	共沸点/℃	含水量/％
乙醚	35	34	1
二硫化碳	46	44	2
氯仿	61.2	56.1	2.5
四氯化碳	77	66	4
乙醇	78.3	78.1	4.4
乙酸乙酯	77.1	70.4	6.1
苯	80.4	69.2	8.8
异丙醇	82.4	80.4	12.1
丙烯腈	78	70	13
甲苯	110.5	84.1	13.5
乙腈	82	76	16
二氯乙烷	83.7	72	19.5
甲酸	100.7	77.5	22.5
正丙醇	97.2	87.7	28.8
二甲苯	137～140.5	92	35
正丁醇	117.7	92.2	37.5
吡啶	115.5	92.5	40.6
正戊醇	138.3	95.4	44.7
异戊醇	131	95.1	49.6
氯乙醇	129	97.8	59
异丁醇	108.4	89.9	88.2

2. 常见有机溶剂间的共沸混合物

共沸混合物	组分的沸点/℃	共沸物的组成(w_B)/%	共沸物的沸点/℃
乙醇-乙酸乙酯	78.3,78	30：70	72
乙醇-苯	78.3,80.6	32：68	68.2
乙醇-氯仿	78.3,61.2	7：93	59.4
乙醇-四氯化碳	78.3,77	16：84	64.9
乙酸乙酯-四氯化碳	78,77	43：57	75
甲醇-四氯化碳	64.7,77	21：79	55.7
甲醇-苯	64.7,80.6	39：61	48.3
氯仿-丙酮	61.2,56.4	80：20	64.7
甲苯-乙酸	110.6,118.5	72：28	105.4
乙醇-苯-水	78.3,80.6,100	19：74：7	64.9

附录4 常用有机溶剂的除水方法

有 机 物	干 燥 剂
烷烃、芳烃、醚类	$CaCl_2$,Na,P_2O_5
醇类	K_2CO_3,$MgSO_4$,Na_2SO_4,CaO,$CuSO_4$
醛类	$MgSO_4$,Na_2SO_4,$CaCl_2$
酮类	$MgSO_4$,Na_2SO_4,K_2CO_3,$CaCl_2$
酸类	$MgSO_4$,Na_2SO_4
酯类	$MgSO_4$,Na_2SO_4,K_2CO_3
卤代烃	$MgSO_4$,Na_2SO_4,$CaCl_2$,P_2O_5
有机碱类(胺类)	NaOH,KOH
酚类	Na_2SO_4
腈类	K_2CO_3
硝基化物	$CaCl_2$,Na_2SO_4
肼类	K_2CO_3

附录5 常见生色基团及紫外吸收

生色团	代表化合物	溶剂	λ_{max}/nm	ε_{max}
C=C	$H_2C{=}CH_2$	气态	193	10000
—C≡C—	HC≡CH	气态	173	6000
—C≡N	$CH_3C{\equiv}N$	气态	167	—
C=O	CH_3COCH_3	环己烷	166 276	15

生色团	代表化合物	溶剂	λ_{max}/nm	ε_{max}
—COOH	CH_3COOH	水	204	40
$\diagdown C = S$	CH_3CSCH_3	水	400	—
$-N\diagdown^{O}$	CH_3NO_2	水	270	14
$-O-N=O$	$CH_3(CH_2)_7ON=O$	环己烷	230	2200
			370	55
$-C=C-C=C-$	$H_2C=\underset{H}{C}-\underset{H}{C}=CH_2$	环己烷	217	21000
			261	225
	甲苯	环己烷	206.5	7000
	苯	环己烷	254	205
			203.5	7400

附录 6　常见官能团的红外吸收峰

官能团	化合物	$\bar{\gamma}/cm^{-1}$	峰的强度与特点
$-\overset{\mid}{C}-H$	烷烃	2850～2960	强
$=\overset{\mid}{C}-H$	烯烃	3010～3100	中
$\equiv C-H$	炔烃	3300	强
$-\overset{\mid}{C}-\overset{\mid}{C}-$	烷烃	600～1500	（弱无意义）
$\diagup C=C\diagdown$	烯烃	1620～1680	可变化
$-C\equiv C-$	炔烃	2100～2260	可变化
$-C\equiv N$	腈	2200～2300	可变化
$-\overset{\mid}{C}-O-$	醇,醚,羧酸,酯	1000～1300	强
$\diagup C=O$	醛	1720～1740	强
$\diagup C=O$	酮	1705～1725	强
$\diagup C=O$	羧酸,酯	1700～1750	强
—O—H	醇,酚	3590～3650	明显,可变
—O—H	醇,酚(氢键)	3200～3400	强,宽
—O—H	羧酸(氢键)	2500～3300	宽,可变
$-N\diagdown^{H}_{H}$	一级胺	3300～3500(双峰)	中
$\diagup N-H$	二级胺	3300～3500(单峰)	中
$-\overset{+}{N}\diagdown^{O^-}_{O}$	硝基化合物	1600～1500(双峰) 1400～1300	强

附录 7 常见质子的化学位移

不同类型有机化合物的质子及其化学位移值 δ 列表如下。化学位移是按氢原子类型划分为：（a）甲基，（b）亚甲基，（c）次甲基。斜体 H 为产生吸收的质子。

化合物	化学位移 δ	化合物	化学位移 δ	化合物	化学位移 δ
(a)甲基氢质子		$C_6H_5CH_2CH_3$	1.2	环戊烷	1.5
CH_3NO_2	4.3	CH_3CH_2OH	1.2	环己烷	1.4
CH_3F	4.3	$(CH_3CH_2)_2O$	1.2	$CH_3(CH_2)_4CH_3$	1.4
$(CH_3)_2SO_4$	3.9	$CH_3(CH_2)_3Cl(Br,I)$	1.0	环丙烷	0.2
$C_6H_5COOCH_3$	3.9	$CH_3(CH_2)_4CH_3$	0.9	(c)次甲基氢质子	
$C_6H_5—O—CH_3$	3.7	$(CH_3)_3CH$	0.9	C_6H_5CHO	10.0
CH_3COOCH_3	3.6	(b)亚甲基氢质子		$4\text{-}ClC_6H_4CHO$	9.9
CH_3OH	3.4	$EtOCOC(CH_3)\!=\!CH_2$	5.5	$4\text{-}CH_3OC_6H_4CHO$	9.8
$(CH_3)_2O$	3.2	CH_2Cl_2	5.3	CH_3CHO	9.7
CH_3Cl	3.0	CH_2Br_2	4.9	吡啶（$\alpha\text{-}H$）	8.5
$C_6H_5N(CH_3)_2$	2.9	$(CH_3)_2C\!=\!CH_2$	4.6	$1,4\text{-}C_6H_4(NO_2)_2$	8.4
$(CH_3)_2NCHO$	2.8	$CH_3COO(CH_3)C\!=\!CH_2$	4.6	$C_6H_5CH\!=\!CHCOCH_3$	7.9
CH_3Br	2.7	$C_6H_5CH_2Cl$	4.5	C_6H_5CHO	7.6
CH_3COCl	2.7	$(CH_3O)_2CH_2$	4.5	呋喃（$\alpha\text{-}H$）	7.4
CH_3SCN	2.6	$C_6H_5CH_2OH$	4.4	萘（$\beta\text{-}H$）	7.4
$C_6H_5COCH_3$	2.6	$CF_3COCH_2C_3H_7$	4.3	$1,4\text{-}C_6H_4I_2$	7.4
$(CH_3)_2SO$	2.5	$Et_2C(COOCH_2CH_3)_2$	4.1	$1,4\text{-}C_6H_4Br_2$	7.3
$C_6H_5CH\!=\!CHCOCH_3$	2.3	$HC\!\equiv\!CCH_2Cl$	4.1	$1,4\text{-}C_6H_4Cl_2$	7.2
$C_6H_5CH_3$	2.3	$CH_3COOCH_2CH_3$	4.0	C_6H_6	7.3
$(CH_3CO)_2O$	2.2	$CH_2\!=\!CHCH_2Br$	3.8	C_6H_5Br	7.3
$C_6H_5OCOCH_3$	2.2	$HC\!\equiv\!CCH_2Br$	3.8	C_6H_5Cl	7.2
$C_6H_5CH_2N(CH_3)_2$	2.2	$BrCH_2COOCH_3$	3.7	$CHCl_3$	7.2
CH_3CHO	2.2	CH_3CH_2NCS	3.6	$CHBr_3$	6.8
CH_3I	2.2	CH_3CH_2OH	3.6	对苯醌	6.8
$(CH_3)_3N$	2.1	$CH_3CH_2CH_2Cl$	3.5	$C_6H_5NH_2$	6.6
$CH_3CON(CH_3)_2$	2.1	$(CH_3CH_2)_4N^+I^-$	3.4	呋喃（$\beta\text{-}H$）	6.3
$(CH_3)_2S$	2.1	CH_3CH_2Br	3.4	$CH_3CH\!=\!CHCOCH_3$	5.8
$CH_2\!=\!C(CN)CH_3$	2.0	$C_6H_5CH_2N(CH_3)_2$	3.3	环己烯（烯 H）	5.6
CH_3COOCH_3	2.0	$CH_3CH_2SO_2F$	3.3	$(CH_3)_2C\!=\!CHCH_3$	5.2
CH_3CN	2.0	CH_3CH_2I	3.1	$(CH_3)_2CHNO_2$	4.4
CH_3CH_2I	1.9	$C_6H_5CH_2CH_3$	2.6	环戊基溴（$C_1\text{-}H$）	4.4
$CH_2\!=\!CHC(CH_3)\!=\!CH_2$	1.8	CH_3CH_2SH	2.4	$(CH_3)_2CHBr$	4.2
$(CH_3)_2C\!=\!CH_2$	1.7	$(CH_3CH_2)_3N$	2.4	$(CH_3)_2CHCl$	4.1
CH_3CH_2Br	1.7	$(CH_3CH_2)_2CO$	2.4	$C_6H_5C\!\equiv\!CH$	2.9
$C_6H_5C(CH_3)_3$	1.3	$BrCH_2CH_2CH_2Br$	2.4	$(CH_3)_3CH$	1.6
$C_6H_5CH(CH_3)_2$	1.2	环戊酮（$\alpha\text{-}CH_2$）	2.0		
$(CH_3)_3COH$	1.2	环己酮（$\alpha\text{-}CH_2$）	2.0		

附录 8　常用有机溶剂的物理常数

溶剂	沸点/℃	熔点/℃	分子量	相对密度（20℃）	相对介电常数	溶解度/(g/100g H_2O)
乙醚	35	−116	74	0.71	4.3	6.0
二硫化碳	46	−111	76	1.26	2.6	0.29(20℃)
丙酮	56	−95	58	0.79	20.7	8
氯仿	61	−64	119	1.49	4.8	0.82(20℃)
甲醇	65	−98	32	0.79	32.7	8
四氯化碳	77	−23	154	1.59	2.2	0.08
乙酸乙酯	77	−84	88	0.90	6.0	8.1
乙醇	78	−114	46	0.79	24.6	8
苯	80	5.5	78	0.88	2.3	0.18
异丙醇	82	−88	60	0.79	19.9	8
正丁醇	118	−89	74	0.81	17.5	7.45
甲酸	101	8	46	1.22	58.5	8
甲苯	111	−95	92	0.87	2.4	0.05
吡啶	115	−42	79	0.98	12.4	8
乙酸	118	17	60	1.05	6.2	8
乙酐	140	−73	102	1.08	2.0 7	反应
硝基苯	211	6	123	1.20	34.8	0.19(20℃)

附录 9　常见有毒化学品

TLV（threshold limit value）极限安全值，即空气中含该有毒物质蒸汽或粉尘的浓度，在此限度以内，一般人重复接触不致受害。

1. 高毒性固体

很少量就能使人迅速中毒甚至致死。

化学品	TLV/(mg/m³)	化学品	TLV/(mg/m³)
三氧化铍	0.002	砷化合物	0.5(按 As 计)
汞化合物(烷基汞)	0.01	五氧化二钒	0.5
铊盐	0.1(按 Tl 计)	无机氰化物	5(按 CN 计)
硒和硒化合物	0.2(按 Se 计)		

2. 毒性危险气体

化学品	TLV/(mg/m³)	化学品	TLV/(mg/m³)
氟	0.1	氟化氢	3
光气	0.1	二氧化氮	5
臭氧	0.1	亚硝酰氯	5

化学品	TLV/(mg/m³)	化学品	TLV/(mg/m³)
重氮甲烷	0.2	氰	10
磷化氢	0.3	氰化氢	10
三氟化硼	1	硫化氢	10
氯	1	一氧化碳	50

3. 毒性危险液体和刺激性物质

长期少量接触可能引起慢性中毒，其中许多物质的蒸汽对眼睛和呼吸道有强刺激性。

化学品	TLV/(mg/m³)	化学品	TLV/(mg/m³)
羰基镍	0.001	2-氯乙醇	1
异氰酸甲酯	0.02	硫酸二甲酯	1
丙烯醛	0.1	烯丙醇	2
溴	0.1	2-丁烯醛	2
3-氯-1-丙烯	1	氢氟酸	3
苯氯甲烷	1	四氯乙烷	5
苯溴甲烷	1	苯	10
三氯化硼	1	溴甲烷	15
乙酰氯	1	二硫化碳	20
三溴化硼	1		

4. 其他有害物质

（1）许多溴代烷和氯代烷，以及甲烷和乙烷的多卤衍生物，特别是下列化合物。

化合物	TLV/(mg/m³)	化合物	TLV/(mg/m³)
溴仿	0.5	1,2-二溴乙烷	20
碘甲烷	5	1,2-二氯乙烷	50
四氯化碳	10	溴乙烷	200
氯仿	10	二氯甲烷	200

（2）胺类。低级脂肪族胺的蒸汽有毒。全部芳胺，包括它们的烷氧基、卤基和硝基取代物都有毒性。下面是一些代表性例子。

化合物	TLV/(mg/m³)	化合物	TLV/(mg/m³)
对苯二胺（及其异构体）	0.1	苯胺	5
甲氧基苯胺	0.5	邻甲苯胺（及其异构体）	5
对硝基苯胺（及其异构体）	1	二甲胺	10
N-甲基苯胺	2	乙胺	10
N,N-二甲苯胺	5	三乙胺	25

（3）酚和芳香族硝基化合物。

化合物	TLV/(mg/m³)	化合物	TLV/(mg/m³)
苦味酸	0.1	间二硝基苯	1
二硝基苯酚	0.2	硝基苯	1
二硝基甲苯酚	0.2	苯酚	5
对硝基氯苯（及其异构体）	1	甲苯酚	5

5．致癌物质

下面列举一些已知的危险致癌物质。

（1）芳胺及其衍生物

联苯胺（及某些衍生物）；二甲氨基偶氮苯；α-萘胺；β-萘胺。

（2）N-亚硝基化合物

N-甲基-N-亚硝基苯胺；N-甲基-N-亚硝基脲；N-亚硝基二甲胺；N-亚硝基氢化吡啶。

（3）烷基化剂

双（氯甲基）醚；氯甲基甲醚；重氮甲烷；硫酸二甲酯；碘甲烷；β-羟基丙酸内酯。

（4）稠环芳烃

苯并[a]芘；二苯并[a,h]蒽；二苯并[c,g]咔唑；7,12-二甲基苯并[a]蒽。

（5）含硫化合物

硫代乙酰胺；硫脲。

（6）石棉粉尘

6．具有长期积累效应的毒物

这些物质进入人体不易排出，在人体内累积，引起慢性中毒。这类物质主要包括：

（1）苯；

（2）铅化合物，特别是有机铅化合物；

（3）汞和汞化合物，特别是二价汞盐和液态的有机汞化合物。

在使用以上各类有毒化学药品时，都应采取妥善的防护措施。避免吸入其蒸汽和粉尘，不要使它们接触皮肤。有毒气体和挥发性的有毒液体必须在良好的通风橱中操作。汞的表面应该用水掩盖，不可直接暴露在空气中。装盛汞的仪器应放在一个搪瓷盘上以防溅出的汞流失。溅洒汞的地方迅速撒上硫黄石灰糊。

附录 10　部分实验术语中英文词汇

中文词汇	英文词汇	中文词汇	英文词汇
阿贝折光仪	Abbe refractometer	减压蒸馏	vaccum distillation
饱和蒸气压	saturated vapor pressure	搅拌器	agitator
标准样品	standard sample	酒精灯	alcohol lamp
冰浴	ice bath	可回收的	recoverable
薄层色谱	thin layer chromatography	可溶的	dissoluble（dissolvability, soluble）
产率	productive rate	冷凝管	condenser
产物	product	冷凝水	condensate water
沉淀物	settlings	晾干	air drying

中文词汇	英文词汇	中文词汇	英文词汇
重结晶	crystallization	淋洗溶剂	elution solvent
抽真空	evacuation	流动相	mobile phase
抽滤(真空过滤)	vacuum filtration	馏出物	distillate
纯化	purification	滤纸	filter paper
磁力搅拌器	magnetic agitator	螺旋夹	screw clamp
催化剂	catalyst	毛细管	capillary tube
萃取	extraction	浓缩	concentrate
纸色谱	paper chromatography	气体导管	gas conduct
读数镜	reader	气体吸收	gas absorption
反应物	reactant	溶解度	dissolubility
废液	exhausted liquid	熔点	melting point
沸点	boiling point	色谱柱	chromatographic column
分馏	fractionation	烧杯	beaker
分馏柱	fractionating column	烧瓶	flask
分配色谱	partition chromatography	试剂	reagent
分液漏斗	separatory funnel	水浴	water bath
副产物	by-product	水蒸气蒸馏	steam distillation
干燥	exsiccate	索氏提取器	Soxhlet extractor
干燥剂	exsiccant	脱色(动)	discolor
过饱和的	supersaturated	温度计	thermometer
过量	excess	吸附色谱	adsorption chromatography
过热	excessive heating	旋光度	optical activity(optical rotation)
含水的	hydrous	旋塞	plug cock
化学反应	chemical reaction	折射率	refractive index(n)
回流冷凝器	reflux condenser	真空表	vacuometer
回收	recover	真空泵	vacuum pump
混合	mix	蒸发皿	evaporating dish
混合物	mixture	蒸馏	distillation
浑浊	turbidness	蒸汽发生器	steam can
加热	heat up	蒸气压	vapor pressure
加热器	heating equipment		

附录 11　有机化学实验科研信息网址

1. 化学综合网

◆ ChIN 网站

http://chin.csdl.ac.cn

ChIN 是由中国科学院过程工程所建立的化学信息资源网站。通过 ChIN 网站，可以检索化学数据库（Chemical Databases）、中国化学化工资源（Chemical Resources in China）、网上化学杂志（Electronic Journals in Chemistry）、专利信息（Patent Services and Information on Internet）、化学软件（Chemical Software）以及其他黏合化学资源导航站精选。其中，在化学数据库链接中，有化学反应数据库、化学文献数据库、谱图数据库（包括红外光谱、质谱、核磁共振谱、紫外光谱等）、物性数据库、物质安全数据库等。在这些数据库中有许多信息是免费浏览的。

◆ ChemWeb 网站

http：//www. chemweb. com

ChemWeb 是由 Current Science 和 MDL 公司组建的化学网站。ChemWeb 自称为世界化学俱乐部，采取会员制服务方式，浏览者首先须在 ChemWeb 注册，注册是免费的。现在 ChemWeb 网站能为会员提供的主要资源有：Library（期刊图书馆，有 227 种期刊）、Databases（数据库，包括文摘、化学结构、专利等 32 种数据信息）、The Alchemist（ChemWeb 主办的在线杂志，主要反映最近化学新闻）、Available Chemicals Directory（化工产品目录包括近 28 万种化合物、90 万种产品信息及 470 家化学品生产厂家）。ChemWeb 上所提供的信息服务只是部分免费。

◆ Chemistry WebBook 网站

http：//webbook. nist. gov/chemistry

Chemistry WebBook 是美国国家标准与技术研究院（NIST）基于网络的物性数据库，通过 Chemistry WebBook 可以检索化合物的红外谱图（IR spectrum）、质谱图（Mass spectrum）、紫外/可见光谱图（UV/Vis spectrum）、双原子分子常数（Constants of diatomic moleculars）等信息。Chemistry WebBook 是互联网上著名的免费化学数据库，但是也许有一天它也会实行收费服务，因为在 Chemistry WebBook 主页上有一行声明："NIST 保留将来收费的权利"。

◆ Chem-Station 网站

http：//www. chem-station. com/cn/

Chem-Station 是日本最大的化学类门户网站，网罗各类化学的信息，是最常用的化学资源网站之一。Chem-Station 于 2013 年底推出了英文版（Chem-Station Int. Ed. ）和中文版（化学空间），里面有各种有趣的化学资源，有机经典人名反应数据库（附带反应关键词检索），世界著名化学家，前沿化学介绍等。

2. 有机化合物合成

◆ Organic Syntheses（有机合成信息网）

http：//www. orgsyn. org

Organic Syntheses 对许多有机化合物的合成方法作了细致的介绍，其内容都经过署名复核，翔实可靠。可利用关键词或结构式检索，并可免费下载全文。

◆ 上海有机化学研究所网站

http：//202. 127. 145. 134/scdb/

上海有机化学研究所网站收录大量的有机合成反应信息。可利用反应物、产物、反应溶剂、催化剂来检索或组合检索化学反应的相关信息及参考文献。对于合成路线设计、反应机理研究有很好的参考价值。注册后免费检索。网站还收录了红外光谱（约 22 万多个化合物）、质谱（约 1.2 万个化合物）。可通过化合物名称、分子式、峰位、强峰、功能团等检索红外光谱；可利用质荷比、丰度检索质谱。

◆ Synthesis Reviews（有机合成综述）

http：//www. thieme-chemistry. com/thieme-chemistry/journals/info/index. shtml

Synthesis Reviews 收录了有关有机合成方面的综合性文章。使用该数据库前须先注册并下载 End Note 程序，然后在线检索。

3. 有机化合物光谱

◆ SDBS（有机化合物光谱信息网）

http：//riodb. ibase. aist. go. jp/riohomee. html

SDBS 是由日本 AIST（National Institute of Advanced Industrial Science and Technology）建立的。该网站主要收录了 $C_6 \sim C_{12}$ 大部分有机化合物光谱图，包括[13]C-NMR、^{1}H-NMR、IR、MS、ESR 以及 Raman 光谱等。检索功能强，使用方便。该网站规定：一天下载量不得超过 50 个文件，包括光谱图或化合物信息。在发表论文时若引用该数据库内容须向 SDBS 致谢。该网站免费检索。

◆ Sadtler（红外光谱数据库）

http：//www. bio-rad. com/ir. html

Sadtler 收录有 22 万种化合物的红外光谱图，可根据化合物英文名称检索。部分资源是免费的，不需注册即可使用。

4. 常用化学试剂

◆ Sigma-Aldrich（西格玛-阿德里奇试剂网站）

http：//www. sigma-aldrich. com/

Sigma-Aldrich 是世界上最大的化学试剂供应商，该网站收录了 20 多万种化学品的信息，可通过英文名称、分子式、CAS 登录号在线检索。注册后免费检索。

◆ Fisher Scientific（费歇尔科学网站）

http：//www. fishersci. com/

Fisher Scientific 收录有化学试剂、实验设备、保健、安全防护等产品信息。可通过英文名称、分子式、CAS 登录号、制造商、供应商等检索。注册后免费检索。

5. 化合物命名

◆ Chem Office Ultra 2004（化合物命名软件）

Chem Office Ultra 2004 由剑桥公司推出的化合物命名软件，可使化合物结构式与英文名称十分方便的互译。即在界面上绘制出化合物结构式，再通过 Structure 菜单点击 convert structure to name 就可得到该化合物的 IUPAC 英文名称，反之亦然。

6. 其他化学网站

◆ 有机化学资源导航（Organic Chemistry Resources Worldwide）

http：//www. organicworldwide. net/

◆ 有机合成综述（Synthesis Reviews）

http：//www. chem. leeds. uk/rev/srev. htm

◆ 沸点与压力转换软件（The Variation of Boiling Point with Pressure）

http：//www-jmg. ch. cam. ac. uk/tools/magnus/boil/html

◆ 有机合成试剂百科全书（Electronic Encyclopedia of Reagents for Organic Synthesis）
http：//www. mrw. interscience. wiley. com/eros/
◆ 欧洲有机化学杂志（European Journal of Organic Chemistry）
http：//www. interscience. wiley. com/jpages/1434-193X/
◆ 有机合成方法（Methods in Organic Synthesis）
http：//www. rsc. org/is/database/mosabou. htm
◆ 有机通讯（Organic Letters）
http：//pubs. acs. org/journals/orlef7/index. html
◆ 有机金属化合物（Organo Metallics）
http：//pubs. acs. org/joumMs/orgnd7/index. html
◆ 俄罗斯有机化学杂志（Russian Journal of Organic Chemistry）
http：//www. maik. rssi. ru/journals/orgchem. htm
◆ 合成科学（Science of Synthesis）
http：//www. science-of-synthesis. com/
◆ 固相有机合成数据库（Solid-Phase Synthesis Database）
http：//www. accelrys. com/chem-db/sps. html
◆ 合成通讯（Synthetic Communications）
http：//www. dekker. com/servlet/product/productid/SCC
◆ 合成化学数据库（Synthetic Pages）
http：//www. syntheticpages. org/
◆ 复杂碳水化合物研究中心（The Complex Carbohydrate Research Center）
http：//www. ccrc. uga. edu/
◆ 溶解度数据库（IUPAC-NIST Solubility Database）
http：//ts. nist. gov/
◆ 化学材料安全数据库（MSDS-SEARCH）
http：//www. msdssearch. com/find. htm
◆ 化合物毒性数据库（TOX-NET）
http：//toxnet. nlm. nih. gov
◆ 化学安全数据库（IPCS）
http：//www. inchem. org/pages/search. html
◆ 对人体有害物质信息库（IRIS，EPA）
http：//www. epa. gov/iris/
◆ 复杂碳水化合物谱图库
http：//www. ccrc. uga. edu/databases/index. php
◆ 挥发性有机物质谱数据库
http：//www. unibo. it/analitica-gc-ms/Spectra Voc/index. html
◆ 有机化学试剂数据库（Across Organics）
http：//www. acros. be/
◆ 化合物性质网站（CS Finder）
http：//chembiofinderbeta. cambridgesoft. com/
◆ 化合物命名软件（ACD/ChemSketch 8. 0 Freeware）

162

http://www.acdlabs.com/download

◆ Beilstein 命名软件（AutoNom 4.0）

http://www.labcenter.net/jixue/Soft/chemsoft/200511/218.html

◆ 国际纯粹与应用化学联合会命名网站（IUPAC）

http://ilab.acdlabs.com

◆ 元素周期表（WebElements）

http://www.webelements.com

◆ 牛津大学有机合成中的命名反应库（Named Organic Reactions Collection from the University of Oxford）

http://www.chem.OX.ac.uk/thirdyearcomputing/NamedOrganicReac

◆ 预测有机化学反应产物的软件（CAMEO）

http://zarbi.chem.yale.edu/products/cameo/index.shtml

◆ 合成材料老化与应用

http://www.hccllhyyy.com/

◆ 金属卡宾络合物催化的烯烃复分解反应

http://www.cashq.ac.cn/html/books/061 BG/b1/2002/2.6％20.htm

◆ 上海化学试剂研究所

http://www.serri.com/

◆ 英国化学数据服务中心（Chemical Database Service）

http://cds.dl.ac.uk/

◆ 英国皇家化学会碳水化合物研究组织（Carbohydrate Group of the Royal Society of Chemistry）

http://www.rsc.org/lap/rsccom/dab/perk002.htm

◆ 有机反应催化学会（Organic Reaction Catalysis Society）

http://www.orcs.org/

◆ ACS 数据库（美国化学学会）

http://pubs.acs.org/

◆ 英国皇家化学学会（RSC）电子期刊数据库

http://pubs.rsc.org/

◆ Wiley InterScience

http://onlinelibrary.wiley.com/

◆ Elsevier Science Direct 电子期刊

http://www.sciencedirect.com/

参 考 文 献

[1] 赵建庄，陈洪. 有机化学实验. 3 版. 北京：高等教育出版社，2017.

[2] 高占先，于丽梅. 有机化学实验. 5 版. 北京：高等教育出版社，2016.

[3] 张毓凡，曹玉蓉，冯霄，等. 有机化学实验. 天津：南开大学出版社，1999.

[4] 周科衍，高占先. 有机化学实验教学指导. 北京：高等教育出版社，1997.

[5] 刘红英. 有机化学实验. 北京：高等教育出版社，2008.

[6] 李吉海，刘金庭. 基础化学实验（Ⅱ）-有机化学实验. 2 版. 北京：化学工业出版社，2018.

[7] 焦家俊. 有机化学实验. 上海：上海交通大学出版社，2010.

[8] 郜英欣，白艳红. 有机化学实验. 西安：西安交通大学出版社，2014.

[9] 何树华，朱云云，陈贞干. 有机化学实验. 武汉：华中科技大学出版社，2012.

[10] 王莉贤. 有机化学实验. 上海：上海交通大学出版社，2009.

[11] 韦国锋. 有机化学实验. 南宁：广西科学技术出版社，2008.

[12] 陈东红. 有机化学实验. 上海：华东理工大学出版社，2009.

[13] 王俊儒，马柏林，李炳奇. 有机化学实验. 北京：高等教育出版社，2007.

[14] 丁长江. 有机化学实验. 北京：科学出版社，2006.

[15] 卢会杰，赵文献. 有机化学实验. 郑州：河南科学技术出版社，2009.

[16] 熊洪录，周莹，于兵川. 有机化学实验. 北京：化学工业出版社，2018.

[17] 李霁良. 微型半微型有机化学实验. 北京：高等教育出版社，2013.

[18] 林筱华. 有机化学实验. 北京：科学出版社，2010.

[19] 吉卯祉，黄家卫，胡冬华. 有机化学实验. 3 版. 北京：科学出版社，2013.

[20] 王清廉，沈凤嘉. 有机化学实验. 2 版. 北京：高等教育出版社，1997.

[21] 王乃兴. 核磁共振谱学在有机化学中的应用. 4 版. 北京：化学工业出版社，2021.

[22] 关烨第，李翠娟，葛树丰. 有机化学实验. 2 版. 北京：北京大学出版社，2002.

[23] 胡昱，吕小兰，郭瑛. 有机化学实验. 2 版. 北京：化学工业出版社，2022.

[24] 张凤秀. 有机化学实验. 北京：科学出版社，2013.

[25] 黄涛，张治民. 有机化学实验. 北京：高等教育出版社，2000.

[26] 薛思佳，季萍. 有机化学实验（英-汉双语版）. 北京：科学出版社，2008.

[27] 吴美芳，李琳. 有机化学实验. 北京：科学出版社，2013.